国家出版基金资助项目
"十二五"国家重点出版规划项目

"悦科普"书系

月球与人类丛书

月球上的脚印

教育部深空探测联合研究中心 组编

湖南大学出版社·长沙

图书在版编目（CIP）数据

月球上的脚印/教育部深空探测联合研究中心组编.—长沙：
湖南大学出版社，2024.5
  ISBN 978-7-5667-3570-6

  Ⅰ.①月… Ⅱ.①教… Ⅲ.①月球探索–中国–普及读物
Ⅳ.① Ⅴ 1-49

中国国家版本馆CIP数据核字（2024）第095000号

月球上的脚印
YUEQIU SHANG DE JIAOYIN

组　　编：教育部深空探测联合研究中心
策划编辑：刘　锋　张　毅
责任编辑：张　毅　朱治国
印　　装：湖南省美如画彩色印刷有限公司
开　　本：710 mm×1000 mm　1/16　印　张：6.5　字　数：65千字
版　　次：2024年5月第1版　　　印　次：2024年5月第1次印刷
书　　号：ISBN 978-7-5667-3570-6
定　　价：28.00元

出 版 人：李文邦
出版发行：湖南大学出版社
社　　址：湖南·长沙·岳麓山　邮　　编：410082
电　　话：0731-88822559（营销部），88821315（编辑部），88821006（出版部）
传　　真：0731-88822264（总编室）
电子邮箱：743220952@qq.com
网　　址：http://press.hnu.edu.cn

"月球与人类丛书"编委会

顾　问　王礼恒　吴伟仁

主　编　钟志华

副主编　焦维新　谢更新

编　委　张建华　肖　龙　杨力行

　　　　谢　涛　邓湘金　岳　娜

　　　　彭盈盈　粟石军　杨小俊

《月球上的脚印》分册

分册主编　谢　涛

编写成员　谢　涛　邓湘金　岳　娜

　　　　　彭盈盈

"悦科普"总序

王柯敏

习近平总书记指出："科技创新、科学普及是实现创新发展的两翼，要把科学普及放在与科技创新同等重要的位置。"党的二十大报告历史性地将教育、科技、人才"三位一体"统筹部署，进一步明确了科普发展的战略任务和使命导向。科学普及在提升公民科学素养、培育高素质创新大军、弘扬全社会科学精神等方面正在发挥越来越积极的作用。中小学生作为国家的未来和希望，他们的科学素养直接关系到国家的创新能力和发展潜力。加强中小学生的科普教育，提高他们的科学素养，显得尤为重要。

科普阅读，恰恰是开启智慧之门、引领孩子们走进科学殿堂的一把钥匙，更是同学们涵养科学精神、提升科学素养的重要途径。为此，湖南省教育厅联合湖南省科协、湖南出版集团共同开展了"科普阅读行动"，旨在通过评选并推荐一系列优秀的科普图书，为广大中小学生提供一份覆盖广、角度全、权威性强的科普阅读指南，帮助中小学生开阔视野、增长知识，提升自主探索和解决问题的能力，为将来走向社会奠定坚实基础。

科学成就离不开精神支撑。弘扬科学家精神，立德树人是本次行动的核心宗旨。这次遴选的图书包含了《"共和国勋章"获得者的故事：于敏》《杨振宁的故事》《共和国的数学家》等相当一部分科学家传记，它们生动记叙了科学家的成长经历和研究历程，深入挖掘了他们的精神内涵。正如法捷耶夫所言："青年的思想愈被范例的力量所激励，就愈会发出强烈的光辉。"通过阅读科学家传记，中小学生能学习到科学家坚韧不拔、勇于探索、追求真理的崇高品质，获得宝贵的精神财富，激励他们在未来的人生中锚定热爱、心怀梦想，一往无前。

这些书目，一方面涵盖了数学、生物、物理等多个领域，与中小学生的学科学习紧密相关；另一方面，还有如《中国智造》《重器》《人工智能极简史》等关切当下热点、聚焦前沿科技、弘扬科技强国理念的作品。通过阅读这些图书，学生们可以深入了解生命的奥秘、感知自然的神奇、探索宇宙的无穷、感受科技的力量，从而激发他们对世界的兴趣和好奇心，加深对科学原理的认识和理解。

更为难得的是，面对未来跨学科融合的趋势，此次推荐的书目，不仅有现代自然科学知识，还十分注重对中华传统

月球上的脚印

文化的继承与弘扬，比如《中华造物记》《物语诗心：古诗与物理奇遇记》《二十四节气》等书籍，就有机地将科学与文化相结合，让中小学生在了解科学知识的同时，也了解祖国的悠久历史和灿烂文化，感受中华文明的博大精深，激发他们的民族自豪感和文化自信。

书单还针对不同年龄段学生的特点对图书的难度和侧重点进行了精心安排，既保证了科普阅读的连贯性和系统性，又充分考虑了不同学段学生的认知特点和学习需求。比如针对小学低年级孩子主要推荐科普绘本，它们色彩鲜艳、画面生动，将复杂的科学原理用直观可感的方式呈现；推荐给小学中高年级孩子的图书大多将科学家精神、科学知识有机融入故事中，通过生动活泼的讲述、妙趣横生的比喻有效提升孩子的文本阅读兴趣，同时也让他们学会写作叙事的技巧；面向初高中学生，书单推荐了《费曼讲物理：入门》《十问：霍金沉思录》等经典佳作，它们是人类智慧的精粹，能提升学生的思辨力，让学生学会客观、审慎地看待自我和世界。

那么，应该如何用好这份书单呢？首先，家长和老师在选择图书时，要适当考虑孩子的年龄、充分尊重孩子的兴趣。其次，鼓励孩子们在阅读过程中积极思考、提问和讨论，引导孩子们关注书中的科学原理、实验方法和科学精神，与他们一起探讨和解开疑惑。此外，还可以结合观察实验、观看科普视频、参观科技馆等实践活动来强化阅读效果。

我相信此次"科普阅读行动"，会推动更多的孩子们踏上科普阅读、博学明辨、慎思笃行的成长旅程。我们也会持续关注科普教育的发展动态，为培养更多具有创新精神和科学素养的新一代人才而不懈努力。相信在不久的将来，许许多多热爱科学、勇于探索的孩子将成为推动社会进步的重要力量，为实现中华民族伟大复兴的中国梦贡献自己的智慧和力量。

（作者系湖南省教育基金会第四届理事会理事长，湖南省人大常委会原党组副书记、副主任，湖南省教育厅原党组书记、厅长，湖南省委教育工委原书记，湖南省科技厅原党组书记、厅长，湖南大学原校长）

《月球上的脚印》

目　　录

1 奔月

——从梦想到现实

　　月球是离地球最近的较大天体，古今中外的人们对月球寄予了许多浪漫的遐想，有很多关于月亮的动人故事。

　　仰望天宇，皎洁的月亮高悬在夜空中，或皓白似玉，或朦胧如雾，或新月如钩，或满月如盘。"月有阴晴圆缺"，古人可能不完全明白这其中的道理，只是用眼睛观察到月亮的诸多形态，再用浪漫的想象来解释它。月亮驱散黑暗、抚慰人心，人们举头望月、对月抒怀，将美好的憧憬、悠长的思念，喜悦与忧伤、壮志与失意，通通寄托在明月之上，由此产生了许多关于月亮的浪漫神话。

奔月
——从梦想到现实

浪漫的神话

华夏民族流传着后羿射日、嫦娥奔月、吴刚伐桂、玉兔捣药、梯云揽月等神话故事。其中，流传最广、最富有诗意的要数嫦娥奔月的美丽传说。

相传，嫦娥的丈夫后羿从西王母那里得到了不死药，交给嫦娥保管。逢蒙听说后，趁后羿不在家时去偷窃。情急之下，嫦娥吞下不死药飞到了天上。她不忍心离后羿太远，于是来到了月亮上的广寒宫，夜夜遥望人间。

在我国少数民族神话里，也有许多关于月亮的传说。

在高山族布农人的神话里，月亮是由太阳变的。太古时代，天上有两个太阳，轮流照射大地，致使大地没有昼夜之分，十分炎热。一对夫妇耕作时，将睡着的婴儿放在树荫下的石堆旁，并用棕叶遮蔽妥当。但是，婴儿依然被太阳晒死了，变成蜥蜴躲进了石缝里。父亲十分悲愤，发誓要将太

汉画像石上的"嫦娥奔月"

阳射下来为孩子报仇。射术精湛的父亲果然射中太阳的一只眼睛，太阳的光芒顿时减弱，变成了月亮。

在赫哲族的神话里，也有一名奔月的女人。一名妇女夜晚去江边挑水，望着明亮可爱的月亮，想到自己在婆家受到的种种虐待，突然萌生了一个念头——何不请月神帮忙，使自己脱离这个苦难的世界呢？她开始祈求月神，没想到，从远处江面上漂来了既像毯子又像扁舟的东西，停在她面前。她试着用脚尖往上一踩，整个身体不知不觉就上去了。这名妇女被凌空托起，惊慌时她抓住身边的树，不料那棵树竟然被连根拔了起来。"飞毯"越飞越高。就这样，那名妇女和那棵树就来到了月亮上安居。

在瑶族的神话里，月亮上有个美满的家庭。相传，月亮最初是方不方、圆不圆的，亮得使人睁不开眼，热得使人透不过气来。一对青年男女立志要改变月亮。力大无比的男青年将一支支利箭射向月亮，硬是把月亮一点点修理得圆圆的。可是，月光还是太亮了。于是，心灵手巧的女青年为月亮编织了一幅美丽的丝锦，让男青年挂在箭上，射到月亮上去把它盖起来。原先织在丝锦上的房子、牛羊、桂花树等图案，也印在月亮上了。后来，这对男女青年也来到了月亮上，过上了美满幸福的生活。

前瞻的科幻

神话传说中蕴含着人们对月球诗意的想象，随着科学的发展，人们在对月球的幻想中添加了科学元素，诞生了一批引人入胜的科幻小说。

德国理论天文学家约翰内斯·开普勒写过一部科幻小说——《梦》，在他去世4年之后的1634年出版。在小说中，冰岛航天员利用他母亲的巫术，到达了月球。当时恰逢月食，地球的影子落在月亮上，正好形成一座桥梁，恶魔们经常利用这种桥行走于星球之间。他写道："这段旅程非常危险，只有积极进取、不贪图享乐的人才能参加。我们只挑那些经常骑马或者经常到印度群岛航行的人，他们已经习惯靠硬面包或者压缩饼干、大蒜、干鱼粉等这些难吃的东西生存。"也许，这就是人们对宇宙飞行和挑选航天员标准的早期认识。开普勒意识到月球周围没有大气层，"旅途中将会非常冷，旅行者会感觉呼吸困难，不得不用湿海绵捂住鼻孔，这对于稀薄大气所带来的痛苦是一种很好的缓解"。

1827年，约瑟夫·阿特利在《月球之旅》中描述了一个由直径1.8米的铜船构成的飞行器，装有双层面板，能保持内部空气流通，并且里面衬着棉布，比较舒适。飞行器上还有一个足以容纳人的身体的宽阔开口，即"进出舱活动的舱门"。

1835年，埃德加·爱伦·坡写了一部小说，小说的主人公汉斯·普法尔乘着自制的热气球到月球旅行，热气球上的空气供给装置——生命保障系统，使主人公在途中能够在稀薄的空气中呼吸。热气球的下面有几桶火药，在上升过程中，火药意外爆炸，使航行受到影响。爆炸力使机器失去了控制，主人公被爆炸的冲击力抛到热气球外。

　　1865年，法国科幻大师儒勒·凡尔纳的小说《从地球到月球》问世，幻想了人类在19世纪登上月球的情形。他设想，维多利亚女王时代的这些探索者戴着高高的帽子，穿着长长的外套和天鹅绒便服，在航天器里十分自由轻松。而且，他在小说中提到太空探索者需要充满空气的宇航服来获得保护。关于出舱活动，儒勒·凡尔纳想到利用过渡舱来减压和增压，使主航天器的空气泄漏被控制在最小范围内。他还提到，在太空中任何物体离开飞行器后，如果没有额外推

儒勒·凡尔纳及其《从地球到月球》

力的话，会和它原来所乘的飞行器以相同的速度、朝相同的方向运动。

令人惊奇的是，儒勒·凡尔纳在作品中的许多幻想，竟然成了后来科学发展的预言。1969年，当"阿波罗"登月成功之后，人们发现凡尔纳的设想与阿波罗登月中的数据，存在惊人的相似。如书中提到的"月球炮弹"的发射点与"阿波罗"的发射点，同为佛罗里达卡纳维拉尔角；宇航员人数都为3人；"月球炮弹"飞行速度为10 972.8米/秒，"阿波罗"火箭的速度为10 830.5米/秒；凡尔纳估算炮弹飞行的时间为350 000秒，真实的"阿波罗"登月用了372 600秒；两者的降落地点差距只有十几千米。这些惊人的相似，让人不得不佩服凡尔纳的远见卓识。

石破天惊的"日心说"

14世纪到16世纪，文艺复兴开启了西方近代科学的大门。人们对太阳系有了更多客观的认识，迈出了科学认识宇宙的第一步。

在这一时期，伟大的波兰天文学家哥白尼在不朽著作《天体运行论》中，提出了和基督教义格格不入的"日心说"，即宇宙的中心是太阳而不是地球。哥白尼学说颠覆了地心说，彻底改变了人类对宇宙的认识。

哥白尼对宇宙的具体构想是：宇宙以太阳为中心，行星都围绕太阳转动。

17世纪到19世纪，天文学有了重大进展，"日心说"得到越来越多的科学家的认可。17世纪早期，伽利略自制望远镜观察天体，发现有4颗卫星围绕木星运行，还发现月球上有山和月海。1632年，伽利略发表《关于托勒密和哥白尼两大世界体系的对话》，支持哥白尼的"日心说"，触怒了罗马教廷，并被处以8年软禁。在伽利略去世320多年后，宇航

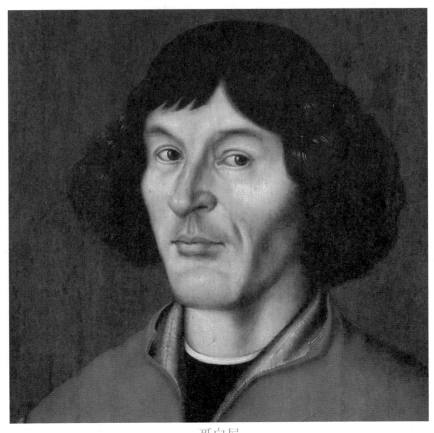

哥白尼

伽利略

员斯科特将一把锤子和一根羽毛带上了月球，在没有大气的月球上做了有趣的自由落体实验，结果当然是轻柔的羽毛和沉重的铁锤同时落到月球表面。

德国理论天文学家约翰内斯·开普勒也是哥白尼学说的坚定拥护者，他在丹麦天文学家第谷的丰富的天文观测资料基础上，深入研究并陆续发现了行星运动的三大定律。行星在椭圆轨道上运动的理论使开普勒正式建立了太阳系的概念，这是人类正确认识宇宙的里程碑。

登月之路的理论先驱

进入20世纪，科学技术的迅猛发展，使科学家开始认真思考人类进入太空的问题。俄罗斯科学家齐奥尔科夫斯基被公认为宇宙航行理论的奠基人；而在工程实践方面，戈达德、奥伯特和布劳恩则是杰出的代表。

1857年9月17日，齐奥尔科夫斯基出生于沙俄一个贫寒的家庭里。10岁时，由于患了严重的猩红热，他的听觉几乎完全丧失，由妈妈在家中为他补课。

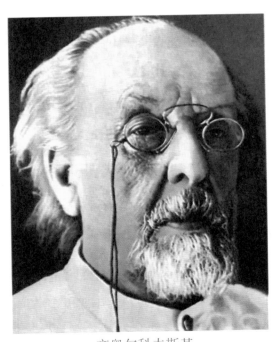

齐奥尔科夫斯基

16岁时，齐奥尔科夫斯基有机会来到莫斯科。在莫斯科的3年中，有关飞行和星际航行问题强烈地吸引着他。刻苦的自学使齐奥尔科夫斯基获得了大量的科学知识，也为他后来的研究工作奠定了重要基础。

他从1896年起对喷气飞行器进行了系统的原理

性研究，绘制了宇宙飞船示意图。1903年，他发表了《利用喷气装置探索宇宙空间》。

《利用喷气装置探索宇宙空间》提出了：靠空气提供的升力是不能进入太空的，要在宇宙空间飞行，必须使用自带推进剂、不依赖空气的火箭发动机；要挣脱地球引力和克服空气阻力飞出地球，单级火箭还做不到，必须用多级火箭接力……这些理论以及他推导出来的在发动机工作期间获得速度增量的齐奥尔科夫斯基公式，奠定了宇宙航行的重要理论基础。

德国火箭专家奥伯特1923年发表了著作《飞向星际空间的火箭》，确立了火箭在宇宙空间推进的基本原理，对液体燃料火箭、人造地球卫星、宇宙飞船、空间站进行了研究和探讨。1929年，他开始设计名为"锥形喷管"的小型液体推进剂火箭。这种火箭的成功制造是德国火箭技术史上的重要里程碑。

美国科学家戈达德是第一个把齐奥尔科夫斯基的液体燃料火箭理论付诸工程实践的人。1926年3月16日发射了世界上第一枚使用液氧-煤油的液体燃料火箭。

布劳恩曾是奥伯特的助手，参与了"锥形喷管"的研制工作。1942年，他主持研制的"A-4"液体燃料火箭升高已达85千米，射程达190千米，速度则是声速的5倍以上。第二次世界大战结束时，苏联得到了德国的火箭研制设备和资料，美国则得到了以布劳恩为首的一批德国火箭专家。布劳恩立即成为美国火箭研制工作的核心科学家，主持了美国第一颗人造卫星的研制和"阿波罗"登月计划。

实践中推进

20世纪50年代起，凭借现代航天科技，人们围绕着月球"大显身手"，进行月球探测。纵观几十年以来开展的探月活动，不难发现科学家的探月"六招式"。

飞——飞越探测。飞越探测是发射月球探测器从距月球几百千米到几千千米处飞越，对月球表面进行摄像，但拍摄的时间较短。1959年10月7日，苏联的"月球-3"首次向地球传回了月球背面的图像。

撞——撞击月球。撞击月球也称为硬着陆，即发射探测器直接撞击月球表面，并在接近月球过程中对其近距离摄像。苏联的探测器于1959年9月首次实现月球硬着陆。美国的探测器于1964年成功实现月球硬着陆，并发回了大量高分辨率的照片。2003年9月27日，欧洲"斯玛特-1"采用这种方式撞击了月球。2008年发射的印度"月球初航-1"也搭载一个质量30千克的撞击器来撞击月球，以获得月球土壤，获取有关矿物质和水的科学数据。

绕——绕月探测。发射绕月飞行的探测器，在绕月轨道上通过各种遥测手段，对全部或部分月面进行探测。1966年，苏联的"月球－10"探测器首次实现环月飞行。1968年，美国的"阿波罗－8"首次实现了载人环月飞行。中国的"嫦娥一号"、印度的"月球初航－1"等都属于这一类。

落——落月探测。发射月球软着陆器平稳降落在月球表面，利用携带的探测仪器在着陆区进行就位探测。从1963年到1966年，苏联共发射了11个探测器，历时3年，直到"月球－9"才首次实现了软着陆。

采——自动采样。利用探测器在月球上软着陆，自动采集月球岩石和土壤样品并返回地球，然后在地球实验室对样品进行精细的分析研究，为人类认识月球提供更充分的直接依据。

登——载人登月。载人登月飞船在月球上软着陆后，由宇航员现场考察、安装仪器、采集样品并送回地球，进行实验室分析。

2 无人探月
——苏联先驱功不可没

　　苏联的成功在世界范围内产生了很大的反响，无论在心理上还是在技术上，苏联都占据了压倒西方国家的优势。同时证明在太空竞赛中，苏联在技术方面要领先于美国。苏联发射卫星就等于对美国利益构成威胁，这一观念在美国人心中已经根深蒂固。

无人探月
——苏联先驱功不可没

月球——冷战中的新"战场"

> 　　20世纪50年代以来，人类进入了月球探测时期。以美国和苏联为首的2个航天大国展开了空前的太空竞赛。美国于1958年率先发射了"先驱者-0"，揭开了人类探测月球的序幕。1959年苏联成功发射的"月球-2"探测器，成功地撞击月球上的静海，成为第一个撞击月球的探测器。

　　好奇心和开拓欲推动科学家探索月球。1959年，在加加林绕地球进行宇宙飞行前，苏联向月球发射了3个探测器。随后平均每8个月发射一次月球探测器。

拓展阅读

> 　　人类的月球探测活动分2个阶段。1958年至1976年是第一阶段。　前期运载技术不成熟，探测器的发射绝大多数失败了，成功率不足10%。1965年到1976年，探测活动达到高潮，发射的探测器多达80个，成功率上升到了57%。1977年到1993年进入月球探测休整期。1994年至今是第二阶段。随着地球应用卫星的逐渐成熟，人类对太空环境认识的加深，成功率超过80%。2003年欧洲空间局发射了"斯玛特-1"，日本、中国、印度也分别踏上了月球探测的旅程，掀起了人类探测月球的又一轮高潮。

　　1947年4月，苏联组织和调集了大批的学者、专家、科研技术人员和科研生产机构，竭尽全力研制战略导弹。与此同时，美国在以著名的导弹专家布劳恩为首的科学家团队的领导下，全力以赴发展战略导弹。美国依托雄厚的经济实力，迅速在战略核武器方面领先，取得了巨大优势。

1954年，苏联宇航界的先锋和奠基人、领导第一实验设计局的总工程师——科罗廖夫在研制军用导弹的同时，把目光投向了深邃的太空。他与苏联2位著名航天专家凯尔迪什和吉洪拉沃夫共同向政府提议，在研制发展战略核导弹等各项军事任务的同时，制造人造地球卫星和太阳系行星探测飞行器，并以洲际导弹"Р-7"为基础，研制具有第二宇宙速度的大推力运载火箭，以保证完成各种宇航任务，包括载

第一颗人造地球卫星

人太空飞行和登月考察。

1957年，苏联在太空竞赛的第一场战役中取得胜利，于8月21日发射了第一颗洲际导弹，10月4日又发射了"人造地球卫星1号"。对于美国来说，"人造地球卫星1号"的发射无异于第二次珍珠港事件，只是这一次是政治、技术和公共关系的失败而不是军事上的失败。

苏联的成功在世界范围内产生了很大的反响，有人甚至忧虑苏联的一颗氢弹打在纽约或是华盛顿，将使美国人只有15分钟还击的时间。

这深深刺激了资本主义的领头羊美国，促使不甘屈居第二的美国决心要在太空领域战胜苏联。美苏两国太空争霸的帷幕缓缓拉开，月球成为双方角逐的重要战场，美国与苏联的太空竞赛到此已经成为事实。

美国的第一颗卫星"先驱者-0"于1958年2月1日发射升空，为美国赢得了一些荣誉，美国宣誓在太空竞赛中将不会再处于落后位置。

拓展阅读

> 1959年1月2日，苏联的"东方"号火箭平安起飞，但没有把"月球-1"送上月球，约有6 000千米的误差。美国的火箭紧随其后，在3月3日起飞，也没能登陆月球，有60 000千米的误差。1959年9月，苏联的探测器"月球-2"首次击中月球，并带去了苏联的国旗。这是人类历史上第一

次从一个星球向另一个星球送去的礼物。1961年4月，苏联宇航员加加林完成了人类首次太空飞行的壮举。在月球探测和载人太空飞行这一重要领域，苏联又一次击败了美国，对美国造成了第二次强烈的冲击。

1961年美国总统肯尼迪确定了目标：10年之内将美国宇航员送上月球。美苏太空竞赛的产物——规模浩大的"阿波罗"载人登月计划正式出台了。

"阿波罗"计划在载人登月领域取得了举世瞩目的成就，促进了航天科学技术的新发展，带动了新技术的创新与推广，大大提高了人类对月球的认识，月球探测取得了划时代的成就。

老中青三代"月球"系列

苏联在20世纪50年代末到70年代初的月球探测活动，可以分为自动月球站和载人月球计划。探测器方面主要有"月球"系列（也称为E系列）、"宇宙"系列和"探测器"系列。"月球"系列探测器又可以分为"祖孙三代"。

第一代"月球"探测器质量361～435千克，使用"东方"火箭发射直接进入月球轨道（没有进入停泊轨道），无须进行轨道中途修正。它的目标是实现飞越月球或者直接撞击月球，取得的重要成果是拍摄了月球图像。

第二代"月球"探测器质量1 420~1 660千克，它们的"坐骑"是"闪电"火箭。"闪电"将它们发射到低地球轨道，然后再次点火将探测器送入月球转移轨道。这种飞行方式需要在飞行过程中进行轨道修正。它们成功实现了软着陆和环月飞行，并将科学仪器放置在月球上，是探月"功臣"。

"月球–2"着陆探测器

第三代"月球"探测器质量5 700～6 000千克，搭乘"质子"号火箭进入月球轨道。它实现了自动采样返回，将月球车送上月球，并在探测技术上获得了质的飞跃。

第一次靠近月球

1959年1月2日，苏联"东方"火箭飞往月球，虽然未能把无人探测器送上月球，但它首次脱离了近地轨道，近距离飞越月球，探测了月球磁场和辐射现象，这是人类第一个近距离探测另一个星球的探测器。

拓展阅读

从1958年9月到1959年6月，探月很不顺利，在所发射的"E-1"系列的5个飞行器之中仅有"月球-1"完成了部分任务。"月球-1"为质量361千克的球形体，上面装有测量辐射、磁场和陨石的仪器。它没能按计划撞击到月球，与月球"擦肩而过"，从距离月面大约6 000千米的高空飞过，最终进入了地球和火星之间的绕日运行轨道。探测数据显示：月球没有磁场，太阳能发射强烈的粒子流——"太阳风"。

第一位地球"来客"

1959年9月12日，苏联的"月球-2"伴着"月球"号火箭的呼啸而升空，对准月球飞奔而去，这是人类首个月球硬着陆探测器。"月球-2"在设计上与"月球-1"十分相似，装载了基本相同的科学仪器，质量390.2千克，还带上了苏联国旗。探测器上带着刻有苏联国徽和"苏联1959年9月"字样的小勋章。

拓展阅读

1959年9月12日，"月球-2"直接飞往月球。当"月球-2"接近月球时，苏联著名的航天设计师科罗廖夫和他的助手们聚集在控制室里。当"月球-2"在9月14日按计划到达了月球并以3.3千米/秒的高速度在22时2分24秒精确地撞击在月球上的2座环形山之间时，紧张的设计师们抑制不住兴奋的心情，全都跳了起来，为取得的巨大成功欢呼雀跃。

这是人类文明史上第一个降落在月球上的人造物体，也是第一个登上地球之外另一个星体的人造物体。它在撞到月面之前，向地球发回了有关月球磁场和辐射带的重要数据。这是人类历史上第一次向另一个星球送去礼物。从这次任务的探测数据来看，月球没有磁场。

第一次看到月球的"后背"

"月球-2"撞击月球的成功对于美国人来说无疑是一种刺激。仅3个星期后，"月球-3"又从发射场起飞，它不但成为人类近距离拍摄月球照片的首个探测器，而且向人类送回了首张月球背面图片，使人类首次看到了月球的背面。

1959年10月4日，"月球－3"探测器发射。它外形为圆柱形，携带了太阳能电池，总质量约434千克。"月球－3"没有直接"奔月"，而是在长时间的飞行后，缓慢地绕到月球背离地球的一侧，在距离月面6 200千米高度绕过月球。在40分钟内2个照相机共拍摄了29张人类以前从未看到过的景象，一共发送回17幅画面。图像表明在月球背地的一面，除了2个黑暗的月海区域——莫斯科海和梦想之海之外，全是环形山。

月球软着陆

1966年1月31日，苏联发射了这一年的首个月球探测器——"月球－9"。它由运载火箭发射到地球停泊轨道，绕地球飞行不到一周后，由火箭第4级送入奔月轨道，并在3.5天后与月球交会。2月1日，在距离月球23.3万千米处，进行了48秒的点火以进行轨道中途修正。在此后的2天中，"月球－9"直接飞向月球。

拓展阅读

"月球－9"的登月舱呈卵形，直径约58厘米，内部安装有减震装置，上半部装有电视设备，还有直径6毫米、长10毫米的气体放电辐射计数器；下半部装有化学电池、热控系统和通信设备。在月面着陆时，登月舱在反推发动机与月面接触前的一瞬间从"月球-9"中弹出并落在月面。着陆后，4个花瓣形装置向上打开，可以起到稳定作用。它们同时还作为天线系统的组成部分，伸出4个鞭形天线，用于与地球接收站进行通信。"月球-9"中部的两侧装有2个可抛离的控制仪器舱。其中一个装有星光定向（星光导航）设备，另一个装有无线电高度计及相关电路。这2个仪器舱在反推发动机点火前的瞬间被抛掉，以减少质量，降低速度。

那么"月球-9"究竟是如何软着陆的呢？"月球-9"在着陆前1小时或距月球8 300千米时，探测器系统经过全面检测后，启动自动着陆系统程序。抛掉仪器舱，反推发动机点火。抵达月面之前，一个5米长的探针从探测器中部伸展到反推发动机的下面，以确定反推发动机的关机和抛出登月舱的时机。探针触到月面探测器系统将关闭发动机并抛出登月舱。发动机以5.5~6.0米/秒的速度撞击月球表面，而登月舱将落到发动机的附近。

"月球-9"着陆后约4分钟，"月球-9"登月舱在

"月球-9"探测器

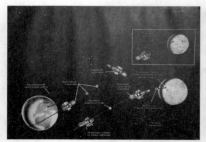
"月球-9"探测器的奔月轨道

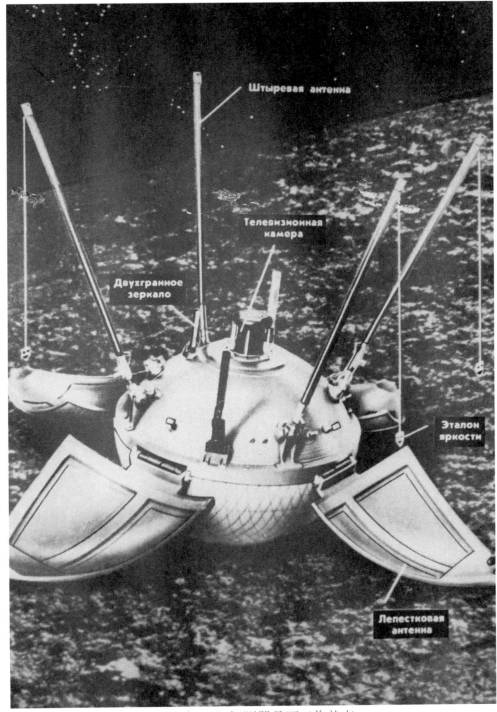

Штыревая антенна

Телевизионная камера

Двухгранное зеркало

Эталон яркости

Лепестковая антенна

"月球 – 9"探测器月面工作状态

月球"绽放"，打开"花瓣"开始向地球发送信号。7小时后，向地球传送了首张月球表面的全景照片。传输一幅图片需要100分钟。

由于电池电量耗尽，"月球－9"停止向地球传送信息。后来，苏联公布了详细的分析研究成果。这次探测极有价值的成果说明了一个重要问题——月球表面足以支撑100千克的载荷而不会产生明显的沉陷。也就是说，宇航员登月不必担心会陷入月壤之中，为人类登月增加了底气。

第一次带回月壤

人们不满足于绕月远观，渴望与月球的"亲密接触"，这个重任由"月球－16"探测器实现了。它由一个带岩样采集装置的着陆器、一个返回器和一个上升器组成。

上升器提供"月—地"飞行动力，"月球－16"的质量为5 800千克。

着陆器是一个独立的多功能航天器，它装有液体火箭发动机、一套推进剂贮箱系统、几个仪器箱和防震的月面着陆架。着陆器还安装了用于星上无线电系统的天线。

"月球－16"第一次解决了自动航天器飞到另外一个天体、采集岩样并返回地球这个全新的问题。第一次"亲密触月"具有重大的科技意义，其重要的价值在于它将月球的岩样送回了地球。

"月球－16"圆满完成任务，为自动航天器更广泛的应用提供了重要案例。人们意识到，利用自动航天器可以用既可靠又经济可行的方式，系统研究天体的特殊区域，为之后的航天探索提供宝贵信息。

"月球车-1"

　　月球车"Е-8"自重756千克，从打开的太阳能电池板算起，长4.42米，宽2.15米，高1.92米。车底架重84千克，8个轮子每个直径510毫米，宽200毫米，纵向轮间距170毫米，轮轴距1 600毫米。

"月球－16"探测器

苏联并没有旗开得胜。1969年2月19日，"E-8"乘着火箭发射升空。由于整流罩的强度计算错误，在最高速度压力区域内产生了空气动力振荡，在火箭飞行至51.4秒时，整流罩舱门的加固件损坏，其残骸撞到了能自燃的推进剂组分，在第53秒火箭强烈爆炸后，飞行结束。

第二辆月球车的发射在近2年后。1970年11月10日，苏联发射了第二辆月球车。月球车在绕地球不满一圈后飞向月球。1970年11月17日，月球车顺利降落在月面的"雨海"区域。在用了2.5小时检查了降落地点和铺设舷梯后，"月球车-1"驶下着陆器来到月面，成为历史上第一辆成功降落

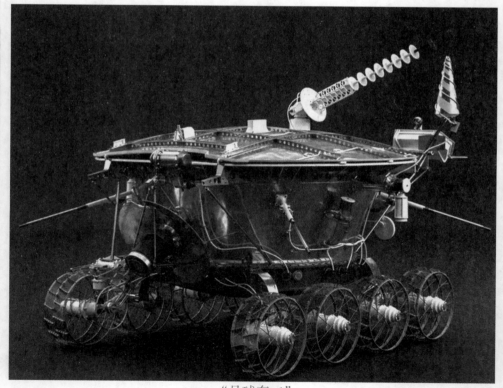

"月球车-1"

月面的无人月球车。

"月球车-1"考察面积约8×10^4米^2，利用遥测系统拍到了20 000多张月面照片和200多张全景照片，对500多个地点的月壤表层的物理力学特性进行了测定，对25个地点进行了化学分析，行驶距离为10 540米，有效工作时间超过10个月。

"月球车－2"比起"月球车－1"有很多改进，它的质量减轻了100千克，速度提高一倍。设计人员听取了月球车操作人员的意见，为改进视野，以人站立时的眼睛高度为准，增加了第三个安装在上部的电视摄像机。

"月球车-2"发射于1973年1月8日，1月16日降落在明亮海。不过，"月球车－2"最终"沦陷"在月球坑中。不是操作小组的原因，而是由于月球车技术性能的制约，才发生了这样的事故。

这个月球坑的侧壁上还嵌有另一个小月球坑。驾驶员同操作成员决定让月球车后退，而处于打开状态的太阳能电池板的盖子碰到了这个没被看见的小月球坑壁。由于散热器上覆盖了尘土，热平衡状态也被破坏了。

"月球车－2"行程37千米，发回86张全景图片，它的考察面积是"月球车－1"的4倍。它不仅研究了环形山底部，还研究了不易研究的地理特征，如月面沟纹等。其最有趣的一项发现其实与月球表面无关，即它证明月球是观测宇宙的理想场所。

2年后，拉瓦奇金机械制造厂生产了"月球车－3"，与前两代月球车相比，技术上又有所推进：完善了中等分辨率广角摄像机系统；由于可同时从2个摄像机获得图像信息，因而可以进行立体成像，具有很好的视野。月球车可以转动"头部"，而不必完全转过车身，就可以实现地形观测。

　　尽管"月球车－3"装备精良，并完成了全面的地面试验，但并没能奔月，而是被留在了地球上。

螺旋天线

锥形全向天线

可折叠的太阳帆板

激光反射镜

电视摄像机

仪器设备舱

筛网型车轮

"月球车-3"

坎坷中前进

与苏联探月之初就取得骄人的成就相比，美国探月初期的道路十分坎坷。1958年，美国发射的5个"先驱者"探测器几乎没有一个获得成功。"先驱者－4"勉强成功，但它飞越月球时距月球尚有近6 000千米之遥，它的探测仪器基本没有发挥作用。但挫折并没有阻挡美国探月的步伐，在月球探测第一阶段（1958—1976）美国共发射了7个系列共54个探测器，最终后来者居上，实现了载人登月。

自我牺牲的"徘徊者"

从1961年到1965年，美国一共9次向月球发射探测器。探测器将身躯硬生生砸向月球，在高速撞击月球"壮烈牺牲"前的瞬间拍摄月球表面，并将拍摄的信息传送回地球。这极富牺牲精神的探测器，就是"徘徊者"探测器。

转机出现在1964年7月，"徘徊者－7"首次圆满完成任务，在撞击月球前向地面发送了4 316幅高质量的月球画面。它的最后一幅画面是在距月面仅426米高时拍摄的，给出了不到1米大小的细节。"徘徊者－8"飞向了静海内一个平坦的区域。它发现那里虽然坡势比较平缓，但到处都是月球坑。科学家由此明白，要为"阿波罗"飞船选择既开阔又没有月球坑的区域是十分困难的。走过坎坷后，"徘徊者-7”“徘徊者-8”“徘徊者-9”工作得比较顺利,它们共发回了上万幅照片,为科研人员提供了珍贵的月球资料。

1966年6月发射的"勘测者-1"是美国第一个实现月球软着陆的探测器,着陆点在风暴洋地区。它向地球发回黑白月面照片。1967年4月17日发射的"勘测者-3"是美国第一个装备月球取样设备的探测器,它按地面指令在月面掘出岩样,供给月壤分析器分析,同时发回6 300张照片。

1967年9月8日发射的"勘测者-5"首次为美国测定了月壤的化学成分,获得月壤化学性质的电视图片。

1966年8月10日至1967年8月1日,美国相继发射5个"月球轨道器",它们拍摄了高分辨率的月球表面照片。科研人员根据"月球轨道器"拍摄的照片资料,绘制了1:4800的月球地形图。1966年11月6日发射的"月球轨道器-2"进入近月点39 千米的绕月轨道,拍摄到412张月球赤道以北枯海地区的清晰照片。

阳光总在风雨后,走过步履维艰的初始阶段,美国探月开始渐入佳境,最终实现了人类历史上首次载人登月。"'先驱'打根基,'徘徊'中前进",这是美国探月之路的写照。

载人登月

——太空争霸催生的奇迹

1961年4月12日，尤里·加加林成为世界上首位航天员；不久美国在入侵古巴事件中惨败，这两件事使美国的国际形象受到了很大的打击。为了挽回国家形象，1961年5月25日，肯尼迪在国会上向世界宣布："美国将在10年之内致力于将人送上月球，并将其安全送返地球。"这就是举世瞩目的"阿波罗"计划。

这对于当时还没有过载人登月经验的美国来说可谓是惊人之举，需要倾全国之财力人力来实现。

载人登月
——太空争霸催生的奇迹

月球一小步，人类一大步

　　"阿波罗"载人登月工程始于1961年5月。尽管当时美国国内对"阿波罗"载人登月计划有着不同的认识和结论，但是它推动美国关键科学和各种边缘交叉学科的兴起与进步，进而转化为国家未来经济实力并确保了国家安全这一点是不可否认的。总之，"阿波罗"载人登月计划对推动科技进步起到了巨大的作用，它将永载人类史册。

　　在登月方案确定后，研制新型载人飞船就成为登月计划的"重头戏"。"阿波罗"是人类发射的第一种也是目前唯一成功登月的载人飞船。其巧妙的设计技术，对今天将要进行的载人火星探测有重要的参考价值。

　　1969年7月16日美国东部时间9时32分，40层楼高的"土星－5"火箭在亿万人的关注下徐徐升空，载着世界上第一艘载人登月飞船"阿波罗－11"飞往月球。

　　"阿波罗－11"飞船上载有3名航天员，指令长是阿姆斯特朗，登月舱驾驶员是奥尔德林，指挥舱驾驶员是柯林斯。从地球到月球大约有38万千米，"阿波罗－11"飞船载着3名航天员经过75小时的长途飞行，于19日进入月球引力圈，此时一切正常。20日凌晨，"阿波罗－11"到达距月球上空4 500千米的高度时，服务舱的主发动机逆向喷射，使飞船减速进入了远月点313千米、近月点113千米的椭圆轨道，此时飞船绕月球一圈约需2小时。在月球轨道上，航天员们紧张地进行登月前的准备工作，其中最主要的一项是阿姆斯特朗和奥尔德林进入名叫"鹰"的登月舱，而柯林斯则仍留在称作"哥伦比亚"的指挥舱中。一切就绪后，他们开始用呼号与休斯敦飞行指挥中心联系，等待分离。

21日，一切就绪后，伟大的时刻终于来到了。21日2时许，登月舱的发动机点火，登月舱与指挥舱分离。指挥舱由柯林斯驾驶继续绕月飞行，而登月舱则载着2名航天员向月面飞行。当阿姆斯特朗看到窗外要降落的地方有分布不均的

"阿波罗－11"航天员在月面行走

大石块时，便决定继续飞行，避开乱石嶙峋的危险地带，寻找平坦的地方。最后，奥尔德林手控登月舱在月面静海的一角平稳降落，登月获得成功。阿姆斯特朗向休斯敦飞行指挥中心报告："休斯敦，这里是静海基地，'鹰'已降落。"此时的休斯敦飞行指挥中心沸腾了，大家为人类首次登上月球欢欣雀跃，奔走相告。他俩向窗外眺望，进入眼帘的是一个遍布陨石坑和大石块的陌生世界。

1969年7月21日11时56分，阿姆斯特朗率先打开"鹰"舱舱门，带着电视摄像机站到5米高的平台上，小心翼翼地放下梯子，这是在地球上未曾模拟过的动作。他沿着扶梯的台阶走了3米，左脚先迈上月球，踏出了人类在月球上的第

"阿波罗－11"登月舱离开月球返回地球

一步。阿姆斯特朗在月面上留下了一个长约32.5厘米、宽15厘米的人类脚印。当他踏上月面时，道出了一句意味深长的名言："对一个人来说，这只是一小步；但对全人类来说，这是一次巨大的飞跃。"这的确是人类航天史上的一座丰碑。登月舱上的电视摄像机记录下了这具有历史意义的第一步，全球数百万电视观众，用惊奇的目光从屏幕上见证了第一个地球人踏上月面瞬间的情景。

阿姆斯特朗在登月舱外逗留了2.5小时，奥尔德林至少也待了几十分钟。地面控制中心告诉阿姆斯特朗："你们将能拿到的一切都放入盒子里带回来。"他们把收集的月球岩石和土壤标本带回登月舱，关紧舱门后启动发动机，告别静海。阿姆斯特朗和奥尔德林与指挥舱驾驶员柯林斯会合，带

"阿波罗－11"登月飞船返回舱在海上回收

"阿波罗－11"航天员奥尔德林走下登月舱

　　着约22千克月岩、土壤及拍摄的月球照片，进入指挥舱。

　　7月25日凌晨 1 时50分，"阿波罗－11"飞船指挥舱载着3名航天英雄平安降落在太平洋中部海面，人类首次登月宣告圆满结束。

苏联，与成功擦肩而过

　　在"阿波罗"计划紧锣密鼓进行的同时，美国与苏联继续在载人登月方面进行激烈的竞争。苏美各自的"联盟"（Soyuz）和"双子星座"（Gemini）飞船计划使两国在对任何登月任务都很关键的交会对接与变轨技术上，得到了完善。由于1965年到1966年的"双子星座"计划，美国逐渐赶上了苏联，在诸如长期飞行等领域，甚至超过了苏联。

与此同时，苏联并没有准备将人送上月球。在过去炫目的荣誉和光环下，苏联拒绝相信美国的"阿波罗"计划将会取得实质性的胜利，苏联领导人对探月的规划，还停留在载人绕月的阶段。

1964年，苏联政府正式通过决议，要在1968年之前实现载人登月，并将此项任务视为重中之重。至此，苏联载人登月计划的方案设计、样机研制、实物生产乃至飞行试验等，开始紧锣密鼓地筹备起来。

2个国家战略上的差异在于美国集中在一个计划（"土星-5"运载火箭—"阿波罗"飞船）上实现2个目标；苏联致力于2个计划，将力量与资源分散了。

"探测器-7"已经证实了苏联具有将人类送上月球的能力，它向人们证明了自动控制工程和高速重返技术的成功，如果后来继续努力，是一定会成功的。

一系列航天技术成就表明，苏联在登月竞赛中的失败，并不源自"N-1"、飞船或"质子"技术上的失败。

在激烈的美苏登月竞赛中，苏联力图抢在美国之前把航天员送上月球，只得采取这样违反科学的急功近利的做法，结果事与愿违，诸多问题最终把苏联导向败局。

美国，借助登月计划腾飞

"阿波罗"登月计划不仅对世界航天史产生了重大影响，在世界政治格局的改写上，同样发挥了重大作用。

拓展阅读

　　登月竞赛最终的结果向全世界表明，美国是有能力将载人飞船发射到其他星球的国家。美国经过12年追上了苏联，夺取了太空竞赛的奖牌。在1970年到1976年期间，苏联继续利用在探月竞赛期间积累的知识，不断向月球发射探测器。这些探测器为苏联带回了330克月球样品，而美国总共搜集了380千克。

　　"阿波罗"计划在很多领域对美国产生了巨大影响，如就业、教育、经济发展、军民两用技术等。在"阿波罗"计划的刺激下，美国经济飞速增长，它带来的技术突破，直接促成了20世纪若干重大技术进步。"星球大战"计划所带来的技术突进，也使美国成为信息时代的领导者。据统计，美国将空间技术转化为民用产业，创造了2万亿美元的巨额利润。"阿波罗"计划带动了技术进步，促进了经济发展。

多国探月新高潮

　　随着"阿波罗"计划的谢幕，月球探测活动进入休整期。美国先后于1994年和1998年发射了"克莱门汀"和"月球勘探者"探测器，标志着美国重返月球计划的开始。2003年，欧洲空间局发射的"斯玛特–1"掀起了人类探测月球的高潮，日本、中国、印度纷纷踏上了月球探测的旅程。

1990年1月24日，日本率先打破了美苏的垄断，用M–3S2–5型火箭，成功发射了"飞天"月球探测器，成为继美苏之后第三个发射月球探测器的国家。

1994年，美国发射的"克莱门汀"是美国战略防御倡议局和航空航天局合作的新型月球探测器，也是美国自1972年"阿波罗"登月计划结束后发射的第一个多用途空间探测器。1998年，美国发射了"月球勘探者"探测器，它对月球极轨道进行了为期一年的探测。

2004年1月，美国总统布什宣布了一项旨在探索太空和将人类足迹扩展到整个太阳系的太空探索新构想——"星座计划"，即制造新一代宇宙飞船，使美国航天员最早于2015年重返月球建立基地，并以此为跳板，把人类送上火星乃至更遥远的宇宙空间。然而在6年之后，新一任美国总统奥巴马在佛罗里达州肯尼迪航天中心宣布新太空探索计划，表示美国将放弃旨在重返月球的"星座计划"。

在21世纪的首个10年间，欧洲空间局及欧洲部分国家开展了大量月球探测活动。2003年9月27日，欧洲空间局成功发射了第一个月球探测器"斯玛特–1"，这也是21世纪人类发射的第一个月球探测器。"斯玛特–1"在绕月运行工作3年后，于2006年9月3日用剩余燃料完成了最后的任务——撞击月球。

2013年7月1日，韩国总统朴槿惠宣布，韩国将于2020年实现对月球环绕探测和月面软着陆的探测计划，并称将把韩国国旗插上月球；韩国将在2020年发射月球探测器之前，于2017年采用外国火箭发射试验用绕月轨道飞行器。

4 嫦娥绕月

——中国探月首战告捷

　　"探月工程"本着以实现最终功能为目标、以分步实施为原则的策略，循序渐进地分三步实施，"绕"是全球性、整体性与综合普查，"落"为区域性精细就位分析，"回"则是样品返回地面后的实验室精准分析。

1克月壤

在世界各国纷纷进军月球之际，中国航天人也在同心协力为实现中华民族的登月梦而努力。

1978年卡特总统的安全事务顾问布热津斯基到中国访问，送给中国政府一块"阿波罗"探月取得的样品。这是我国首次接触到的月球样品，只有大约1克。这块月岩，0.5克用于科学研究，余下的0.5克送到北京天文馆，以便让公众目睹月球上来的石头。

以欧阳自远院士为首的全国200多位科学家只取了0.5克样品，先进行非破坏性研究，再做破坏性研究。最后，中国科学家证明了这块月岩属于美国"阿波罗-17"飞船登月时采集的高钛月海玄武岩样品，采自月球澄海东南地区，主要矿物含量为辉石51.5%、斜长石25.7%、钛铁矿21.4%。

1989年7月20日，在纪念"阿波罗-11"登月20周年的集会上，美国总统布什发表了"重返月球"的讲话，在国际上引起了很大的反响。

1990年，在美苏登月竞赛之后的休整期，日本发射了一个月球探测器。随后，中国空间技术研究院科技委开展了研究工作。不久，航空航天部也召开了探月专题讨论会，从技术上探讨探月的可行性。此时，发射通信卫星的"长征三号甲"火箭正在研制中。他们设想，可以让首枚"长征三甲"火箭发射一个有意义的金属物体到月球上，这个物体上面绘有中国国旗，并取名为"探月一号"。

1991年，我国航天领域科学家提出了中国也应该开展月球探测活动的建议，并成立了"863"月球探测课题组。

拓展阅读

2003年，原国防科工委先后宣布月球探测工程进入预发展阶段，下达了月球探测工程关键技术攻关重大背景型号预研项目，正式启动月球探测工程的预先研究，并成立了月球探测工程的领导小组，负责协调各单位的工作，起草了国家月球探测工程的专项立项报告。

2004年1月23日，时任国务院总理温家宝同志亲自签发、批准我国月球探测1期工程即"绕月探测工程"立项。同年4月，国家航天局正式宣布绕月探测工程启动，并命名为"嫦娥工程"。

"探月工程"三步走

简单地说，"嫦娥工程"规划为3期，简称为"绕、落、回"三步走。

第一步——"绕"。研制并发射一颗绕月卫星，将在环月工作轨道进行为期一年的科学探测。突破至地外天体的飞行技术，实现首次绕月飞行。

第二步——"落"。"嫦娥一号"卫星成功发射之后，已启动2期工程。2期工程将研制并发射着陆器和巡视器并携带月球巡视器（也称月球车），在着陆器落区附近进行巡视探测，这一阶段将主要突破在地外天体上实施软着陆技术和自动巡视勘测技术。

第三步——"回"。2014年至2020年，3期工程将研制并发射由四器组成的探测器系统，实现月球样品的采样返回。探测器着陆在月球表面特定区域，并进行采样与探测，随后将月球样品带回地球，在地面上对样品进行详细研究。这一

"嫦娥一号"卫星

我国月球探测工程

探月2期落月示意图

"嫦娥五号"上升器月面点火起飞

阶段主要突破月球采样与封装、月面起飞、月球轨道交会对接、地球高速载入等关键技术。

"绕月探测工程"本着以实现最终功能为目标、以分步实施为原则的策略，循序渐进地分三步实施，"绕"是全球性、整体性与综合普查，"落"为区域性精细就位分析，"回"则是样品返回地面后的实验室精准分析。

这三步已圆满完成，我国无人月球探测技术趋于成熟，中国人登月的那一天将不再遥远。

拓展阅读

中国探月标志以中国书法的笔触，抽象地勾勒出一轮圆月，一双脚印踏在其上，象征着月球探测的终极梦想，圆弧的起笔处自然形成龙头，象征中国航天事业如巨龙腾空而起，落笔飞白处由一群自由飞翔的和平鸽构成，表达了中国和平利用空间的美好愿望。

中国探月标志

"嫦娥一号"

"嫦娥一号"中国创造

经过3年的精心研制，我国第一颗绕月探测卫星"嫦娥一号"于2007年10月24日发射升空。"嫦娥一号"卫星是我国第一颗月球探测卫星，也是我国第一个探访另一个星球的航天器，象征着我国迈出了飞向深空的第一步。

　　"嫦娥一号"卫星是航天人集体智慧的结晶，"嫦娥一号"的外形与"东方红三号"卫星相似，卫星本体为一个2米×1.72米×2.2米的六面体，两侧各装有一个大型展开式太阳电池翼，当两侧太阳电池翼完全展开后，最大跨度约18米，质量为2 350千克，设计工作寿命为一年，将运行在距月球表面200千米高的极月圆轨道上。

"嫦娥一号"卫星车间装配图

　　"嫦娥一号"的卫星平台比一般人造地球卫星在轨道、测控、制导、导航与控制系统和热控分系统等方面都有自己的独特之处。"嫦娥一号"卫星平台主要由结构分系统、制导、导航与控制、有效载荷、供配电、热控等9大分系统组成。这些分系统各司其职、协同工作，保证月球探测任务的顺利完成。

"嫦娥奔月"轨道设计与发射窗口

月球探测器从地球飞到月球，行程40万千米，其过程将是从地球引力场转移到月球引力场的飞行，而且月球自身还在围绕地球进行公转，平均运动速度1.023千米/秒。因此，如何让"嫦娥一号"与月球完成精确"约会"，是一件非常困难的事情。

"嫦娥一号"飞往月球先围绕地球运行，再从地球奔向月球的飞行，最后围绕月球运行。当"嫦娥一号"在近地轨道飞行时，主要受地球引力的作用，月球引力的作用非常微弱。随着地月转移飞行过程的进行，"嫦娥一号"离地球

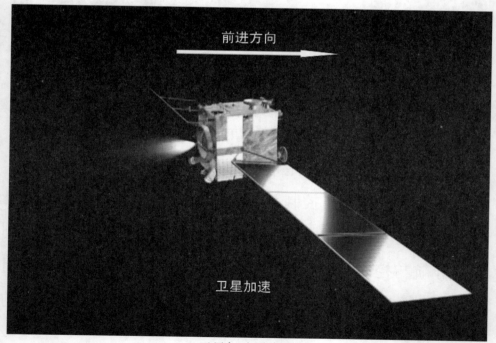

卫星加速示意图

越来越远，地球的引力不断减弱，而月球的引力不断增强，飞行轨迹也逐渐偏离最初的椭圆形轨道。当"嫦娥一号"离月球一定距离时，月球引力将起主导作用。以月球为中心、半径约为66 400千米的圆球面，天文学上称这个球形区域为月球的"影响球"。当卫星进入月球的"影响球"，其飞行轨迹将发生变化。要使物体绕地球作圆周运动，其速度必须达到7.9千米/秒的第一宇宙速度；要使物体摆脱地球引力束缚，飞离地球，其速度必须达到 11.2千米/秒的第二宇宙速度；而要使物体摆脱太阳引力束缚，飞出太阳系，其速度必须达到16.7千米/秒的第三宇宙速度。

那么，要使月球探测卫星进入月球轨道，其速度应该达

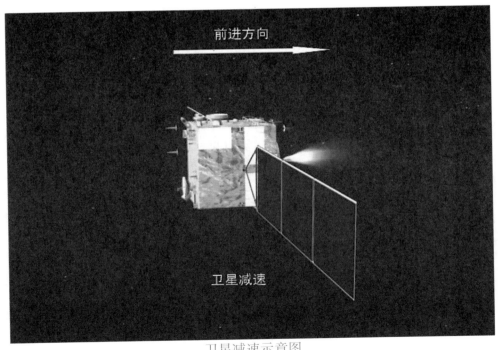

卫星减速示意图

到多少呢？有人可能认为应达到第二宇宙速度，实际上只要使初始速度大于10.9千米/秒即可，也就是说"嫦娥一号"进入地月转移轨道入口时的速度略小于第二宇宙速度，这是由于月球本身仍然处在地球引力范围之内。

然而，"嫦娥一号"由"长征三号甲"火箭送入轨道倾角为31°、近地点200千米、远地点51 000千米、周期约16小时的初始大椭圆轨道，速度只有10.3千米/秒，这就需要卫星利用自身的推进系统进行一系列的变轨，经历为期约5～7天的调相轨道飞行后，使其变为远地点高度约38万千米的地月转移轨道，将进入地月转移轨道的速度提高到10.9千米/秒。

"嫦娥一号"进入地月转移轨道入口的时机以及运动状态，特别是位置和速度都非常关键。如果时机不对，"嫦娥一号"找不到月球，也就无法和月球相会；如果"嫦娥一号"的速度过大，它也将和月球失之交臂，无法进入月球环

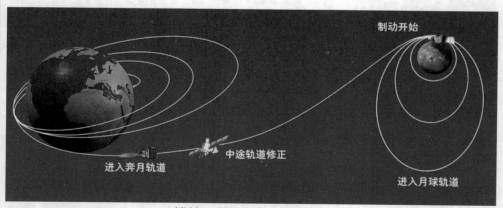

"嫦娥一号"运行轨道示意图

绕轨道；但如果速度过小，"嫦娥一号"就会像中途抛锚的汽车，无法摆脱地球引力场的束缚，无法到达月球。

我国月球探测卫星由运载火箭将"嫦娥一号"送入环绕地球的大椭圆轨道，然后由"嫦娥一号"在调相轨道（地球轨道）的近地点处不断加速。经过多次加速后，进入地月转移轨道。经过3～4天飞行后，接近月球并制动减速，最终被月球捕获成为月球卫星，进入环月轨道，经多次调整后进入最终的任务轨道。

"长征三号甲"火箭接力赛跑

"嫦娥"使者虽然设计完善，将奔赴月球并最终完成绕月探测任务达成科学目标。但若要摆脱地球引力的束缚，将月球探测装置送入太空，运载火箭极为关键。

为了满足"嫦娥"进入奔月轨道的方式和速度，我国研制的运载火箭中，只有"长征三号"系列三种型号运载火箭（即"长征三号甲""长征三号乙"和"长征三号丙"）才能发射"嫦娥一号"卫星进入所要求的过渡轨道。

运载火箭必须具备很高的技术水平和可靠性，这样才能将有效载荷准确地送到目的地。

2007年10月24日18时05分，"长征三号甲"运载火箭托举着"嫦娥一号"，在西昌卫星发射中心点火发射，成功将"嫦娥一号"送入地球转移轨道。"长征三号甲"运载火箭是三级运载火箭。火箭的一子级，它由4台额定推力为740.4千牛液体火箭发动机组成，它的任务是克服地球引力和空气阻力的巨大影响，将运载火箭和"嫦娥一号"卫星推出地球大气层，并获得一定速度。火箭的二子级发动机由1台额定推力为742千牛的主发动机和4台额定推力为11.8千牛的游动发动机组成。二子级发动机飞行95.3秒，飞行高度已超过120千米。二子级飞行约117.3秒后，火箭二、三子级分离。火箭的三子级由具有真空二次启动能力的2台氢氧发动机组成，每台推力78.5千牛，可作双向摇摆。火箭三子级发动机点火后大约341秒，火箭达到了进入预定停泊轨道所需要的速度，它立即关闭2台氢氧发动机。此时，火箭已经飞行了10秒，飞行距离约2 270千米，飞行高度约200千米，速度约3.78千米/秒。

首次奔月之旅堪称完美

在"长征三号甲"运载火箭的护送下，"嫦娥一号"卫星进入围绕地球运转的椭圆轨道，在"嫦娥一号"卫星飞向38万千米外月球的漫长旅途中，需要进行一系列复杂又充满风险的动作。"嫦娥"飞赴"广寒宫"的326小时的跋涉之旅，历经8次变轨，经过调相轨道、地月转移轨道、月球捕获轨道3个阶段，总飞行距离约180万千米，复杂程度创下当时的中国航天之最。

北京时间2007年10月24日18时05分，"嫦娥一号"卫星由"长征三号甲"运载火箭在西昌卫星发射中心成功发射升空。火箭点火后第1473秒，卫星火箭分离，卫星进入近地点高度205千米、远地点高度50 900千米，周期约16小时的超地球同步转移轨道。实现了准时发射、准确入轨的目标，取得了发射阶段的圆满成功。

创新设计保驾护航

"嫦娥一号"卫星在环月工作轨道上将运行1年时间，

推力器调整卫星姿态示意图

在11月份，卫星由巡航姿态转入对月定向工作姿态，传回第一段语音数据，打开全部探测仪器进行科学探测。随后，将根据"嫦娥一号"卫星传回的探测数据。

"嫦娥一号"科学探测的目的是尽可能地对全月面进行探测，特别是对月球的南北两极的探测，所以其环月轨道平面垂直于月球赤道，恰好能从月球的南北极处飞过。这样一来，尽管"嫦娥一号"运行轨道的方位基本固定不变，但由于月球的自转运动，每28个地球日左右转动一圈，所以用28天左右的时间，"嫦娥一号"上的科学仪器就能对月球进行全面的探测。

整个飞行过程中，为使"嫦娥一号"任何一处位置对月面拍照时都具有相同的分辨率，轨道的高度都应该相近，因此，在能满足完成探月任务的前提下，"嫦娥一号"卫星的绕月工作轨道最终确定为200千米高的极月圆轨道，运行周期约为127分钟。

"嫦娥一号"所携带的CCD立体相机1个月能对全月球（极区除外）覆盖一遍，而微波探测仪1个月可对全月球覆盖两遍，干涉成像光谱仪2个月能对全月球（极区除外）覆盖一遍。

卫星环月期间工作模拟图

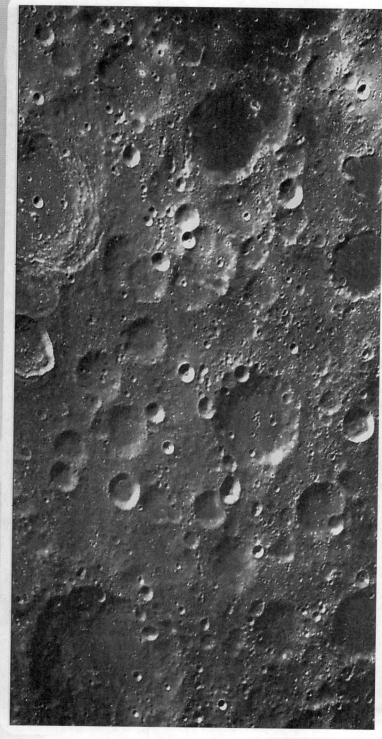

『嫦娥一号』卫星第一幅月面图像

第一幅月面图像发布

"嫦娥一号"卫星于2007年11月7日准确进入环月工作轨道后，经过12天的调姿、通信链路测试等工作后，2007年11月20日，卫星上CCD立体相机开机并开始对月面的拍摄。

11月26日上午9时，"嫦娥一号"卫星第一幅月面图像的发布标志着我国首次探月工程取得圆满成功。

常规的航空航天对地摄影只获取正视（星下点）二维图像，而要获得立体图像，通常需要用3台线阵相机。"嫦娥一号"上的CCD立体相机采用了广角物镜和1 024×1 024面阵CCD的独特设计，用1台三线阵相机实现了3台线阵相机的

"嫦娥一号"获取的全月图

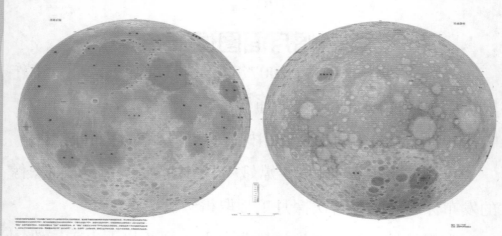

"嫦娥一号"获取的全月球地形地貌图

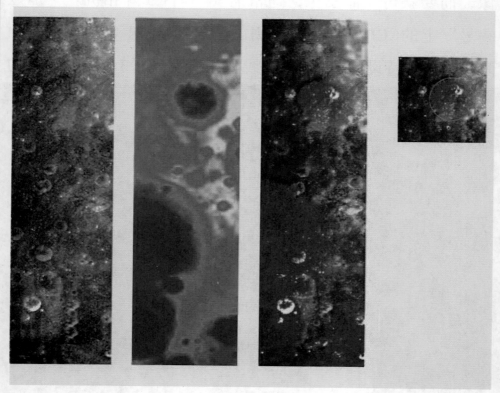

万户撞击坑

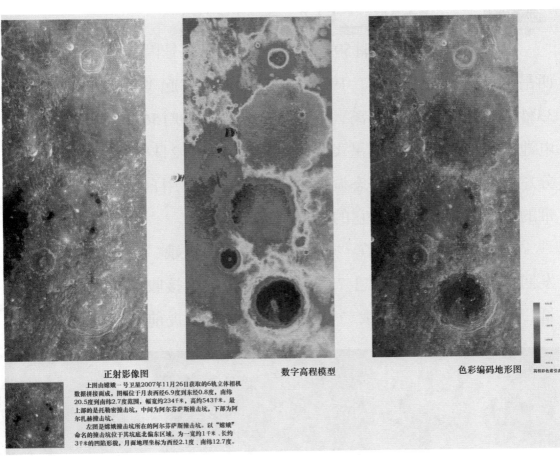

正射影像图   数字高程模型   色彩编码地形图

高程彩色索引表

　　上图由嫦娥一号卫星2007年11月26日获取的6轨立体相机数据拼接而成，图幅位于月表西经6.9度到东经0.8度，南纬20.5度到南纬2.7度范围，幅宽约234千米，高约543千米。最上部的是托勒密撞击坑，中间为阿尔芬萨斯撞击坑，下部为阿尔扎赫撞击坑。

　　左图是嫦娥撞击坑所在的阿尔芬萨斯撞击坑。以"嫦娥"命名的撞击坑位于其坑底北偏东区域，为一宽约1千米、长约3千米的凹陷形貌，月面地理坐标为西经2.1度，南纬12.7度。

嫦娥撞击坑

功能。为了确保相机所拍摄的图像清晰，设计者制定了当太阳与月面夹角大于15度时相机才开始拍摄的工作模式。相机工作时，CCD立体相机采用线阵推扫的方式获取月面同一目标的前视、正视和后视3条线阵的影像。

"嫦娥二号" 再续辉煌

2010年10月1日18时59分57秒，"长征三号丙"火箭在西昌卫星发射中心点火，19时整成功发射。在起飞后的25分33秒时，卫星、火箭分离，卫星进入轨道，19时56分太阳能电池帆板成功展开，卫星飞入指定轨道。10月2日凌晨3时39分左右，经过一系列姿态调整，"嫦娥二号"用自己身上携带的一部监视相机拍下它的第一幅摄影作品。

10月5日早上，正在"奔月"途中的"嫦娥二号"卫星发回探测数据。截至早上7时，首批科学数据接收完毕，容量1.6千兆字节。"嫦娥二号"奔月途中需要提前打开的仪

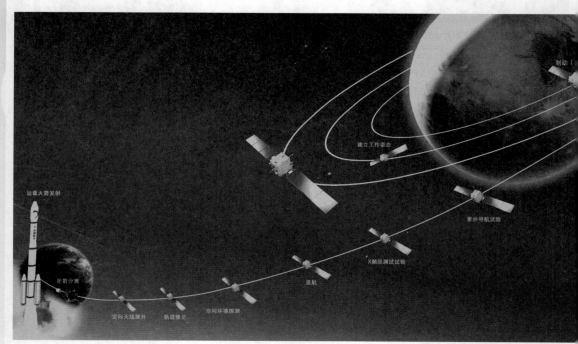

"嫦娥二号"奔月路线图解

器已经全部顺利开机，这些设备主要用于地球与月球之间的空间探测。

2010年11月8日，国家国防科技工业局首次公布"嫦娥二号"卫星传回的月球虹湾区域局部影像图。这张月球虹湾区域局部影像图成像时间为10月28日18时25分，卫星距月面约18.7千米，分辨率约为1.3米。影像图显示，该区域表面较平坦，由玄武岩质的月壤覆盖，分布有不同大小的月球坑和石块，图中最大的月球坑直径约2千米。这些工作的完成，标志着"嫦娥二号"任务所确定的6个工程目标全部实现，4个科学目标也正在陆续实现，"嫦娥二号"工程任务取得圆满成功。

"嫦娥二号"从10月27日开始对虹湾地区拍照，10月29日回到100千米高度的环月轨道。"嫦娥二号"对虹湾地区拍照拍了2天。由于当时卫星离月面很近，月表反射光很强，所以CCD立体相机工作时间不能太长。卫星每绕月亮一圈只能照65秒。这2天中，"嫦娥二号"共拍了19轨图像，其中3轨是试验拍摄，16轨是正式拍摄。每一轨长度约110千米，宽度约8千米，距月面高度约16~22千米。虹湾地区亮度比较低，能量少，所以相机用的是积分模式，直观地说，就是对同一个地点照了96次，然后把能量累加起来，这在技术上对卫星和相机的要求很高。

高分辨率全月图发布

2012年2月6日，国家国防科技工业局发布了探月工程"嫦娥二号"月球探测器获得的7米分辨率全月球影像图，表明中国探月工程又取得了一项重大的科研成果。2010年10月24日16时49分，"嫦娥二号"月球探测器搭载的CCD立体相机首次开机工作，并成功获取了月表的影像数据。"嫦娥二号"7米分辨率全月球影像数据，影像色调一致，层次丰富，图像清晰。目前，国际上除中国外，还没有其他国家获得和发布过优于7米分辨率、100％覆盖全月球表面的全月球影像图。

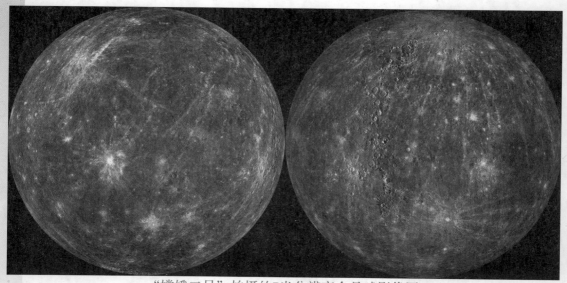

"嫦娥二号"拍摄的7米分辨率全月球影像图

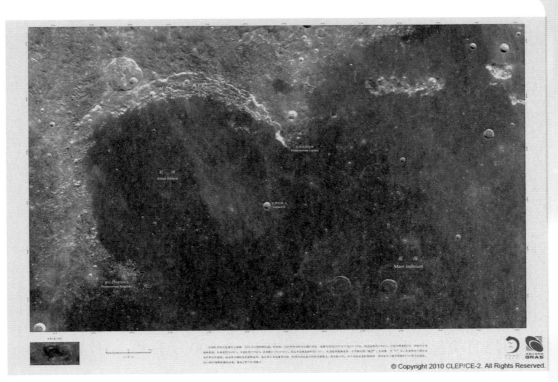

月球虹湾地区影像图

飞掠小行星 走到太空探测最前沿

"嫦娥二号"卫星于2012年12月13日成功飞抵距地球约700万千米远的深空，以10.73千米/秒的相对速度，与国际编号4179的图塔蒂斯小行星由远及近"擦肩而过"。当日16时30分09秒，"嫦娥二号"与"战神"图塔蒂斯小行星最近相对距离达到3.2千米，首次实现中国对小行星的飞越探测。在10.73千米/秒的相对速度下，交会时"嫦娥二号"星载监视相机对小行星进行了光学成像，这是国际上首次实现对该小行星的近距离探测。至此，"嫦娥二号"拓展试验圆满成功。标志着中国拥有了飞入行星际的探测器；突破了1 000万千米远的轨道设计与控制技术；采用光学定轨，形成了具有中国特色的图塔蒂斯小行星轨道；通过在卫星飞行中对新建成的喀什35米和佳木斯66米2个深空站，以及上海65米VLBI（甚长线射电干涉测量）站进行标校试验，验证了中国深空测控、天文观测的能力。

人类最终目标是寻找第二个适合人类居住的星球，因此未来不仅要探测月球，还要探测火星、金星和木卫二等天体。"嫦娥二号"进行着中国航天器飞行距离最远的一次"太空长征"，不断刷新"中国高度"：星地距离2013年1月5日突破1 000万千米，2月28日 2 000万千米，4月11日3 000万千米，5月24日4 000万千米。2013年7月14日1时许，已成为我国首颗人造太阳系小行星的"嫦娥二号"卫星与地球间距离突破5 000万千米；2014年2月14日，"嫦娥二号"距离地球达到7 000万千米，再次刷新"中国高度"。卫星状态良好，不断向更远的深空飞行。据北京航天飞行控制中心计算，预计"嫦娥二号"最远将飞行到距地球约3亿千米处。

5 嫦娥落月

——国人登月为期不远

当走完"绕、落、回"这三步，我国无人月球探测技术趋于成熟。三步走先后完成之后，中国载人航天事业合乎逻辑的发展，就是开展载人登月。

中国未来的载人登月是在新的技术条件下进行的，包括新的探测技术、试验技术、通信导航技术和新的飞船技术等等。在这些新技术的支撑下，我们将以新的视点全面而深入地认识和了解月球。通过月面科考，获得与月球形成、演变和当前状态密切相关的直接数据和关键样品，使我国对月球科学的研究迈入世界先进行列。

"嫦娥三号"

"嫦娥三号"，落月虹湾

"嫦娥三号"任务是我国探月工程"绕、落、回"三步走中的第二步，也是承前启后的关键一步。它实现了我国航天器首次在地外天体软着陆，开展着陆器悬停、避障、降落及月面巡视勘察。"嫦娥三号"于2013年12月2日1时30分发射，12月14日21时11分成功落月，与月球进行了第一次"亲密接触"。

"嫦娥三号"是我国第一个月面软着陆探测器，它不仅实现了着陆器悬停、避障、降落及月面巡视勘察，还将突破在严酷环境下生存以及深空测控通信等关键技术。"嫦娥三号"任务的实施，将使中国航天相关技术实现巨大跨越。

"嫦娥三号"有哪些不同于"嫦娥一号"和"嫦娥二号"的地方呢？

（1）首次实现我国航天器在地外天体软着陆。

目前，全世界仅有美国、苏联成功实施了无人月球表面软着陆，中国是第三个实施月球软着陆的国家。

"嫦娥三号"探测器经过主减速段、快速调整段、接近段、悬停段、避障段、缓速下降段等6个阶段的减速，实现从距月面15千米高度安全下降至月球表面。

（2）首次实现我国航天器在地外天体巡视探测。

全世界只有美国实现了载人登月。苏联开展了2次月面无人巡视车分别在月面行走了10.5千米和37千米。中国是第二个实施无人月球巡视探测的国家。

（3）首次实现对月面探测器的遥操作。

"嫦娥三号"巡视器遥操作采用自主加地面控制相结合的方式，根据获取到的环境参数，在地面完成任务规划，而巡视器自主为完成局部规划避障，并具备安全监测、应急保护的能力。

（4）首次研制我国大型深空站，初步建成覆盖行星际的深空测控通信网。

目前，国外主要有美国、俄罗斯、欧空局、日本、印度等国家（组织）建立了深空测控站。美国、俄罗斯深空测控站的天线，最大口径均为70米。

（5）首次在月面开展多种形式的科学探测。

"嫦娥三号"搭载8台科学载荷，用以完成3项科学探测任务，即月表形貌与地质构造调查、月表物质成分和可利用资源调查、地月空间和月表环境探测与月基光学天文观测。

搭载月基光学望远镜，开创了国际上首次在月面开展天文研究的新领域，有望取得创新性研究结果。

搭载极紫外相机，首次实现国际上在月面对地球等离子体层进行极紫外成像。在月面可以从整体上探测太阳活动、地磁扰动对地球空间等离子体层的影响。

搭载测月雷达，并集合其他载荷探测成果，可在国际上首次建立集形貌、成分、结构于一体的综合性观测剖面，建立起月球区域综合演化动力学模型。

（6）首次在航天器上采用放射性同位素热源和两相流体回路技术，实现探测器在极端温度环境下的月面生存。

（7）首次研制建设一系列高水平特种试验设施，创新形成了一系列先进试验方法。

"嫦娥三号"有4条腿6个轮子，是着陆器和巡视器（即月球车）的组合体。与"嫦娥一号"和"嫦娥二号"不同，"嫦娥三号"在名称上不叫"卫星"而称作"器"，是我国第一个"有腿"的航天器。

"嫦娥三号"任务主要有2个，一是实现月面软着陆，

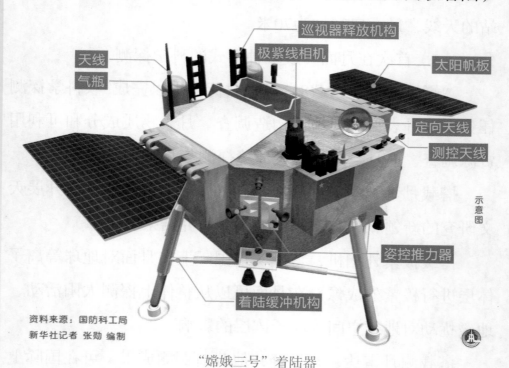

资料来源：国防科工局
新华社记者 张勋 编制

"嫦娥三号"着陆器

二是实施月面巡视勘察。这需要它既能落到月面上，还能自主动起来。针对这2个任务，着陆器和巡视器进行了"分工"。落月之前，巡视器作为一个载荷被安装在着陆器上，本身并不工作。整个前期飞行、动力下降以及实施软着陆过程，都是由着陆器完成的。到月面后，二者互相配合，巡视器释放到月面上，成为2个独立的探测器，各自在月面开展探测任务。

着陆器包含11个分系统，其中最有特色的当属着陆缓冲分系统，集中体现在4条"中国腿"的外形上。其他国家的软着陆方式主要有3种：一是气囊弹跳式，二是着陆腿式，三是空中吊车式。每种方式都有优缺点。就"嫦娥三号"软着陆任务来讲，气囊弹跳式不能满足质量要求，空中吊车式又比较复杂，着陆腿式能满足任务需要，保证着陆的稳定

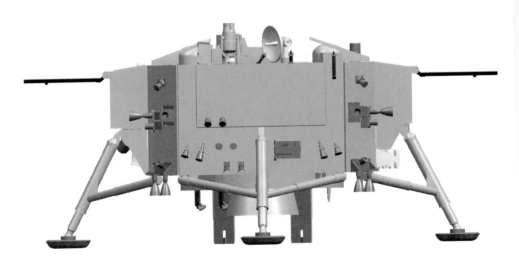

"嫦娥三号"着陆器模拟图

性。综合比较之下，"嫦娥三号"选用了着陆腿式着陆。

巡视器即我们熟悉的"玉兔号"月球车，包含8个分系统，其中最有特色的当属移动分系统。从外形上看，就是巡视器的6个轮子。国外巡视器的移动方案主要有3种：履带式、腿式和轮式。履带式巡视器就像电影里的机器人瓦力，它最大的优点是压强小、通过性强，但它的弱点是遇到石块等容易被卡住不能动弹。腿式巡视器在平缓的地面行走尚可，但控制起来比较复杂，稍有不慎可能会摔倒在地。轮式则能避免上述方式的缺点。

"嫦娥三号"要在近月点15千米处进行动力下降，接着实现月面软着陆，然后再进行月面巡视勘察。

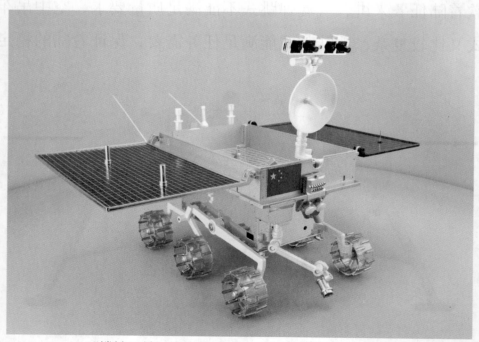

"嫦娥三号"巡视器——"玉兔号"月球车模拟图

"嫦娥三号"15千米的动力下降，是以抛物线下降。探测器的相对速度要从1.7千米/秒逐渐减为0，过程主要靠探测器自主来完成，人工干预的可能性几乎为零。距月面100米时，探测器还要悬停，对月面进行拍照，避开障碍物，寻找着陆点。

　　等到探测器在月面实现软着陆后，着陆器和巡视器还要进行分离，实现互相拍摄。着陆器基本固定在一个位置，巡视器则需要从着陆器上"走"下来，进行月面巡视勘察。在月面路径中，还涉及"地面遥操作"和"巡视器自主控制"相结合的技术手段。

　　月球表面昼夜温差较大，温度高时有120 ℃，温度低时在零下180 ℃。而且，月球的昼夜交替周期也较长，这给"嫦娥三号"的月面生存带来了很大的难度。

　　怎样让"嫦娥"在月球上生存呢？我国的科研人员有办法——"盖被子""生炉子"和"开空调"。

　　"嫦娥三号"上有一个多层隔热组件，也就是所谓的"被子"，可以双向隔热，外部温度高时热量不能往里传，外部寒冷时里面热量不能往外漏。

　　寒冷时它还得"生炉子"。"炉子"主要是同位素核源，它能够持续放热。设计师们还设计了重力驱动的两项流体回路，在需要的时候将热量导入舱内，不需要的时候切断传热途径。

导航相机

定向天线

桅杆

避障相机

机械臂

全景相机

天线

太阳帆板

示意图

摇臂

轮子

资料来源：国防科工局

新华社记者 张勋 编制

"嫦娥三号"巡视器——"玉兔号"月球车结构示意图

到了月昼时，虹湾温度迅速升高至90 ℃，在月球表面，散热的方式只有热辐射。设计师们在探测器上精心设计了几个散热面，可以把设备发出的热量散出去，就好比"开空调"。

"嫦娥"奔月全记录

2007年，"长征三号甲"火箭托举"嫦娥一号"奔月。

2010年，"长征三号丙"火箭将"嫦娥二号"直接送入地月转移轨道，奔月之旅只用了5天。

2013年12月2日凌晨，"长征三号乙"增强型火箭，托举着质量更大、体积更大的"嫦娥三号"探测器，成功飞天奔月。

2013年12月2日1时，在我国西昌卫星发射中心，"长征三号乙"运载火箭静静地伫立在二号发射塔架旁。"长征三号乙"的"乘客"是承载了中国探月新梦想的"嫦娥三号"。半小时后，"嫦娥三号"怀抱"玉兔"从这里启程，奔向38万千米之外的"月宫"。

发射场区，几名身穿蓝色静电服、手戴棉质手套的工作人员在二号塔架开始为第三级火箭添加"动力"——液氢和液氧。一旦开始加注低温推进剂，发射就进入不可逆状态。

发射塔架500米外燃烧池内，大火熊熊燃烧。液氢是易燃、易爆的物质。米粒大的石子从1米的高处自由下落所产生的能量，就能把液氢引爆。因此加注时需要一边加注一边泄压。从加注开始，要有两条专用管路不停地把汽化的燃料导入燃烧池，直到加注结束。

1时26分，低温燃料加注完毕。场区内，其他岗位人员已开始撤离。随着发射时刻的临近，西昌卫星发射中心各岗位工作人员更加忙碌——远控楼内，电测、遥测、外测等系统技术人员，对火箭进行最后的测试检查；指控中心大厅内，不同操作台前调度口令声此起彼伏；瞄准间里，科研人员正用瞄准仪密切监测火箭的姿态；发射场区草坪不远处，消防车、安全保障组随时待命。"一分钟准备！"2日1时29分，山谷间骤然响起零号指挥员洪亮的声音。所有人的目光顿时聚向二号塔架。"5、4、3、2、1，点火！"

1时30分，指挥员发出铿锵有力的口令，发射控制台操作手迅速按下了红色点火按钮。捆绑着4枚助推器的火箭喷出一股橘红色烈焰，"长征三号乙"火箭拔地而起。巨大的火焰将导流槽内数百吨水瞬时化为气体。一阵仿佛空气被撕碎的声音瞬间爆发，轰鸣声向四周群山压来，站在千米之外的许多人不由自主地捂上了耳朵。10多秒后，向着东南方向飞行的火箭拖着长长的尾焰消失在茫茫夜幕中。

　　火箭腾空而起的那一刻，整个探月工程的数万（台）套设备一齐启动。由北京航天飞行控制中心，西安卫星测控中心，青岛、厦门、喀什等地测控站，以及"远望号"海上测量船组成的测控网对火箭实时跟踪。"火箭飞行正常。""跟踪正常。""遥测信号正常。"……火箭一、二级分离，火箭二、三级分离，三级发动机一次关机，三级发动机二次点火，三级发动机二次关机，器箭组合体始终保持正常飞行姿态……

　　2日1时48分许，器箭分离。北京航天飞行控制中心传来的数据显示，卫星在太平洋上空正高速进入近地点210千米、远地点约36.8万千米的地月转移轨道。2日2时18分许，太阳能电池帆板展开。"嫦娥三号"发射任务取得圆满成功！

奔月之路

　　从2013年12月2日凌晨1时30分升空，直到在月球表面虹湾区软着陆，"嫦娥三号"经历了13天的旅程。这13天可以分为3个阶段。

第一阶段：飞行5天。

"嫦娥三号"卫星由运载火箭送入近地点约210千米、远地点约36.8万千米的地月转移轨道。飞行时间约为5天，其间进行了两次中途轨道修正。

第二阶段：圆轨道绕月4天。

近月制动后，"嫦娥三号"进入100千米×100千米的环月圆轨道，运行约4天后，择机变轨。这4天绕月，除了对月球进行科学观测，还要利用机会获取更多数据，为最后确定着陆点做准备。

"嫦娥三号"接近月球后，首先要进行近月制动，也就是俗称的"刹车"。近月制动是卫星或探测器飞行过程中最关键的一次轨道控制。一路飞奔的"嫦娥"要刹得住车，才能被月球引力场捕获，使其成为真正绕月飞行的卫星。如果"刹车"晚了，卫星就要撞到月球上去；而"刹车"早了，卫星则会飘向太空。

第三阶段：椭圆轨道绕月4天。

"嫦娥三号"变轨后进入100千米×15千米的椭圆轨道，运行约4天后，从高度约15千米的近月点开始动力下降。椭圆轨道的近月点是15千米，而且正好在虹湾地区上空，"嫦娥三号"在后4天的绕月中可以更加准确地对预定着陆点进行勘察测量，以保证着陆点没有月坑或大的石头。

如果说前4天绕月是对月球大致"看一看"，后4天绕月就是
"仔细看"。

"嫦娥三号"奔月轨道示意图

软着陆，硬实力

　　"嫦娥一号"撞月是"硬"着陆，"嫦娥三号"则是
"软"着陆。如何让"嫦娥三号"稳稳当当地在月球表面
"软"着陆，是科学家们面对的难题。

　　软着陆是踏上另一个星球进行实地科学探测的第一步，
是所有探测活动中最为重要的环节。截止2014年，全球共进
行了129次月球探测活动，其中成功或基本成功66次，失败
63次，成功率仅有51%。仅有美、苏成功实施13次无人月球
表面软着陆；只有美国实现了载人登月，苏联开展了2次月
面无人巡视探测任务。随着"嫦娥三号"成功落月，我国成

为世界上第三个成功实现月面软着陆的国家。

目前，软着陆方式分为降落伞式、缓冲气垫式和火箭反推式三类。在月球表面降落从某种程度上说比在火星降落要难得多。由于月球上没有大气，是真空状态，所以不能使用降落伞。气垫也没办法使用，因为真空环境中气垫会迅速极度膨胀。唯一的方法就是在整个降落过程中，完全凭借着陆器下面的发动机从底部往上推，来降低着陆器的下降速度。

"嫦娥三号"即采用了火箭反推式来着陆，在接近月球表面时首先利用反作用力缓冲，然后让"嫦娥三号"自由落体实现降落。这种软着陆方式对于发动机控制技术和月球着陆器的姿态控制技术都提出了很高的要求。

2013年12月14日晚21时，"嫦娥三号"从近月点15千米处以抛物线下降，经过主减速、快速调整、接近、悬停、避让、缓速下降等过程，相对速度从每秒1.7千米逐渐降低为0，最终降落到月球表面。全部过程约12分钟。

"嫦娥三号"探测器的着陆器在15千米高度开启发动机反推减速；2千米以上高度实现姿态控制和高度判断，转入变推力主发动机指向正下方的姿态；2千米以下进入缓慢的下降状态；100米左右着陆器悬停，降落相机进行月面识别；着陆器自动判断合适的着陆点，下降到距离月面4米高度时自由下落着陆。

"嫦娥三号"在距月面4米高时，关闭发动机，速度降至0，进入着陆撞击阶段。着陆撞击相当于自由落体，不过与普通物品自由落体后摔得四分五裂不同，着陆器自由落体之后，能够安全降落在月球表面，所携带的东西以及月球车都能保证完好无损。

拓展阅读

　　"嫦娥三号"是靠什么保驾护航，来经过"黑色720秒"的考验成功着陆的呢？

　　"眼睛"：测距测速成像敏感器。"嫦娥三号"绝非"孤军奋战"。"嫦娥三号"专门携带了测距测速成像敏感器和激光三维成像敏感器，它们相当于"嫦娥三号"的眼睛，准确掌握落月的距离和速度，甚至可以形成月面三维影像，供"嫦娥三号"自行分析、判断。

　　"心脏"：变推力发动机。俗话说：眼到、手到不如心到。"嫦娥三号"想要实现平稳着陆，除了通过测距测速成像敏感器这些明亮的眼睛实现"看得准"，更需要有持续的动力来完成这一任务，这就需要变推力发动机——它相当于"嫦娥三号"的心脏。

　　"中国腿"：缓冲吸能部件。关闭变推力发动机后，"嫦娥三号"将自由落体，通过4个腿形金属结构的变形，吸收能量进行缓冲。它采用了一种具有优异力学性能、高吸能本领的新材料，确保着陆器以舒适的方式着陆，而不翻倒。着陆时，4条腿承受了巨大的冲击，却能保证"嫦娥三号"强、轻、柔、稳地落月。这被科研人员骄傲地称为"中国腿"。

"玉兔"漫步月球，留下中国"脚印"

"嫦娥三号"在月球表面软着陆，释放出一辆漫游车，包括月球着陆器和月球车两部分，来完成月球软着陆和巡视探测任务。月球着陆器可以对月球表面进行月壤分析，月球车可以在距离着陆器5千米直径的范围内进行巡视探测。

2013年12月15日凌晨3时，在月球虹湾地区 "玉兔"开始向转移机构移动。经过近1小时的谨慎"摸索"后，"玉兔"已站立在转移机构前端。4时6分，托举着"玉兔"的2条"扶梯"轻触月面，在着陆器与月球之间架起一座桥梁。"玉兔"随后沿斜梯款步而下。4时35分，"玉兔"踏上月球，车轮在月面印出2道深深痕迹。这是中国探测器留在地外天体上的第一串"脚印"。

15日23时，在月球虹湾地区布满砾石和尘埃的灰黑色月面上，着陆器被阳光照得一片金色，月球车"胸前"的五星红旗鲜艳夺目——着陆器和月球车用各自携带的相机互相拍照，照片数据完整、图像清晰。国旗展现在屏幕上的那一刻，北京飞控中心掌声骤起。这是五星红旗在地外天体上的第一次"留影"。"嫦娥三号"任务取得圆满成功。

两器互拍："玉兔号"月球车拍摄的"嫦娥三号"着陆器影像

"玉兔"真容

"嫦娥三号"巡视器俗称"玉兔号"月球车，由中国空间技术研究院研制，是我国自主研发的、集航天系统工程和智能机器人为一体的复杂航天器。

"玉兔"的"身材"小巧玲珑，体重只有140千克，在发射收拢状态，仅为1.5米×1米×1.1米大小。"玉兔"是一个巡视器，也是一辆六轮全驱的月球车，本身就是个高智能机器人，其综合电子分系统相当于人的"大脑"，制导导航系统相当于"五官"，热控起到调节"体温"的作用，机械臂是用来采集月壤样本现场分析的"胳膊"，轮子是"脚"，结构与机构是"骨骼"。

两器互拍："嫦娥三号"着陆器拍摄的"玉兔号"巡视器影像

月球车安全行驶靠的就是移动系统。月球车移动系统由6个车轮、6个行进驱动机构、4个转向驱动机构、左右摇臂悬架和差动机构等组成。

月球车除了能够前进、后退、转向、制动外，还要会越障和过坑。月球车采取了主副摇臂加差动机构的悬架设计、六轮独立行进驱动、四轮独立转向的构型方案，当单侧某一车轮越过200米高的障碍时，月球车能被动适应月面地形，保证月球车所有车轮均与月面接触。

"嫦娥三号"卫星着陆器中走出的月球车，是我国自行研制的具有最高智能的机器人，它具有自我导航、避障、选择路线、选择探测地点、选择探测仪器等能力。

工作与休眠

"嫦娥三号"任务的技术目标包括掌握地—月转移轨道发射技术、突破月球软着陆技术、突破月面巡视技术、掌握探测器间相互通信技术、突破月夜生存技术;"嫦娥三号"创新性主要体现为中国首次实现在地外天体表面无人自动巡视、实现探测器月夜生存、建立覆盖火星探测范围的测控通信网、自主开展月面就位科学探测等4个方面。

"玉兔"能在月面方圆3千米的范围内行走10千米,还能绕过障碍。这些活动,被看作是中国第一次在月球留下"足迹"。

落地后随之而来的难题是抵御巨大的温差。月球上夜晚温度最低时达到零下180 ℃,白天温度大都在100 ℃以上。

"嫦娥三号"将克服温度在零下180 ℃环境下的月夜长期生存难题。由于月球自转和公转都是28天,月夜长达14天,月球晚上的温度是零下180 ℃。如果不能持续提供能源,保证一定温度,所有的仪器都会冻坏,唯一能满足这种要求的是原子能电池。

月球上的一昼夜相当于地球上的28天,月球上的一晚相当于地球上的14天。在夜间月面严酷的低温环境下,电子设备根本无法工作。为此,科研人员为着陆器和月球车设计了休眠模式——14天工作,14天"睡觉"。白天时,"玉兔"

的太阳能电池帆板还要调整角度，避免被阳光照射得太热。最热的月午，月球车还要进行"午休"。

该"睡觉"的时候自动进入休眠状态养精蓄锐，该"起床"的时候又能自动唤醒重新投入工作。这种"日出而作，日落而息"的规律作息，极大地增强了"玉兔"适应月表恶劣环境的生存能力。

但是，经历极低温度后，"月夜唤醒"是一个难题。科研人员为月球车设计了可伸缩的太阳能电池帆板，白天工作时展开，夜晚则收起来，将仪器设备包在里面。这种"包裹式睡眠"，有助于保护各种仪器不被冻坏，确保月球车有剩余电力"自主醒来"，重新展开太阳能电池帆板迎接阳光。

"嫦娥三号"成功探月，引起美、英、德、日等多国的高度关注和赞誉。经过几代探月人的共同努力，承载着中华民族千年奔月梦的"嫦娥三号"，携带"玉兔"成功落月，把中华文明带上月球，把中国人的智慧带上月球，把中国的印记留在月球。

3期工程——把月壤带回家

探月工程3期，是在2期的基础上研制具有更完备性能的、具有自动采样并携带轨道器、着陆器、上升器和返回器的月球探测器系统，将主要完成月球表面采样返回。

3期工程是在2期工程基础上的一个腾飞，也是后续载人登月工程的一个起点。月球探测3期工程致力于实现5个科学目标。

（1）探测区月貌与月质背景的调查与研究。

探测区月貌与月质背景的调查与研究任务主要内容包括：①探测区的月表形貌探测与月质构造分析；②探测区的月壤特性、结构与厚度以及月球岩石层浅部（1~3千米）的结构探测；③探测区矿物/化学组成的分析。

（2）月壤和月岩样品的采集并返回地面。

月球表面覆盖了一层月壤，包含了各种月球岩石和矿物碎屑，并记录了月表遭受撞击和太阳活动历史。月壤岩芯月岩样品的采集并返回地面的任务主要内容包括：

①利用着陆器上的钻孔采样装置钻取月壤岩芯；②利用着陆器上的机械臂采集月岩/月壤样品；③在现场成分分析的基础上，采样装置选择采集月球样品；④着陆器和月球车都进行选择性采样，月球车可在更多区域选择采集多类型样品，最后送回返回舱。

（3）月壤与月岩样品的实验室系统研究与某些重要资源利用前景的评估，主要内容包括：①对返回地球的月球样品，组织全国各相关领域的实验室进行系统研究；②月球蕴含丰富的能源和矿产资源，进行重要资源利用前景的评估，测定月球样品中氦-3、氢、钛铁矿等重要资源的含量，研究其赋存形式；③开展氦-3等太阳风粒子的吸附机理和钛铁矿富集成矿的成因机理研究；④开展氦-3、氢等气体资源提取的实验室模拟研究。

（4）月壤和月壳的形成与演化研究。

月球演化在31亿年前基本停止，月表岩石和矿物的形成与演化可反映月壳早期发展历史；月球表面撞击坑的大小、分布、密度与年龄记录了小天体撞击月球的完整历史，是对

太空美术——月球自动采样返回探测器在月球表面采取月球样品

比研究地球早期演化和灾变事件的最佳信息载体。

（5）月基空间环境和空间天气探测。

太阳活动是诱发空间环境与空间天气变化的主要因素，对人类的航天等活动有重大影响。在月球探测3期工程中空间环境与空间天气探测包括以下内容：①记录宇宙线、太阳高能粒子和低能粒子的通量和能谱，分析与研究太阳活动和地月空间环境的变化；探测太阳风粒子的成分与通量，为月壤成熟度和氦–3资源量的估算提供依据；②在月面安置由2个天线单元组成的甚低频干涉观测阵，长期进行太阳和行星际空间的成图和时变研究，建立世界上第一个能够观测甚低频电磁辐射的长久设施。

太空美术——月球自动采样返回探测器返回舱飞离月球

不断成长的"嫦娥"

不断成长的"嫦娥"

在我国航天人的共同努力下，探月工程在继承和突破中不断向前推进，"嫦娥"在不断"成长"。

2008年7月1日，"嫦娥一号"完成了全月球影像数据的获取。2008年10月24日，它实现了在轨1年寿命，完成了各项任务。2009年3月1日，"嫦娥一号"受控撞击了月球丰富海区域，成功完成硬着陆。

2010年10月1日，"嫦娥二号"发射成功，这是我国火箭首次将卫星直接送入地月转移轨道。

2012年12月13日，"嫦娥二号"与国际编号为4179的图

太空美术——月球自动采样返回探测器返回舱携带样品返回地球上空

塔蒂斯小行星由远及近"擦肩而过"，最近交会距离不到1千米，首次实现了我国对小行星的飞越探测，成为我国第一个行星际探测器。

2012年4月，"嫦娥二号"圆满完成在日—地拉格朗日L2点一个完整周期的飞行探测，成功绕飞L2点，进入转移轨道飞行，创造了当时中国航天器最远飞行纪录，对我国深空探测能力进行了验证。

2013年12月2日，携带中国第一辆月球车的"嫦娥三号"探测器成功发射升空，标志着探月工程第二步进入实施阶段。

"嫦娥三号"，实现了我国首次地外天体软着陆，着陆器与"玉兔号"月球车在月面开展了人类首次联合探测。一批中国元素永远镌刻在了月球上，"嫦娥三号"落月点被命名为"广寒宫"，五星红旗第一次在月球上熠熠生辉。

"嫦娥三号"两器互拍。"嫦娥三号"着陆器及器载五星红旗图片是由月球车上全景相机拍摄的。

2018年12月8日，"长征三号乙"遥三十运载火箭，将"嫦娥四号"探测器送入预定轨道。2019年1月3日，"嫦娥四号"成功登陆月球背面，全人类首次实现月球背面软着陆。"玉兔二号"月球车从着陆器上走下来，在月背留下了人类第一道车辙。

"嫦娥四号"是三号的"替身"，拍摄到世界上第一张

近距离月背影像图。（热知识：我们在地球上永远只能看到月球正面，月球背面是看不到的）

　　2020年11月24日，"嫦娥五号"探测器搭乘"长征五号"运载火箭成功发射升空，并进入预定轨道；12月2日，"嫦娥五号"完成月面自动采样；12月17日凌晨，历时23天

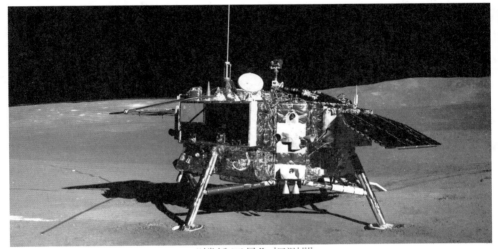

"嫦娥四号"探测器

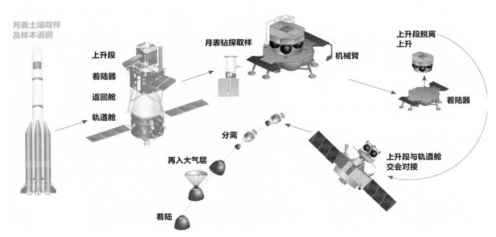

"嫦娥五号"自动采样返回示意图

"嫦娥五号"探测器

的飞行，"嫦娥五号"从月球带回了1731克珍贵的月球样品，这是人类时隔40多年再次完成从月球采样返回的壮举。

"嫦娥五号"是中国探月工程的第六次任务，是中国探月工程的收官之战。作为首个实施无人月面取样返回的月球探测器，它所执行的任务是中国航天最复杂、难度最大的任务之一。

2024年3月20日8时31分，"鹊桥二号"中继通信卫星搭乘"长征八号"运载火箭，顺利进入太空，开启奔月之旅。经过约112小时奔月飞行，3月25日，"鹊桥二号"中继通信卫星在距月面约440千米处开始实施近月制动，随后进入环月轨道飞行。

"嫦娥五号"探测器在轨工作效果图

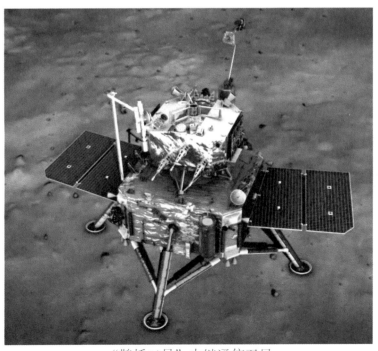

"鹊桥二号"中继通信卫星

"鹊桥二号"发射任务已经取得圆满成功，接下来的重头戏就是执行"嫦娥六号"任务，在月球背面采集月壤，这是前所未有的航天任务。

　　2024年5月3日17时27分，"嫦娥六号"由"长征五号"运载火箭发射，准确进入地月转移轨道，发射任务取得圆满成功。"嫦娥六号"探测器由此开启世界首次月球背面采样返回之旅。

　　20年来，从"嫦娥一号"到"嫦娥六号"，圆满完成了"绕、落、回"三步走目标，建立起完善的探月工程体系，走出了一条中国特色的探月之路；从首幅高分辨率全月图到首幅月球剖面图，中国科学家获得了大量珍贵的探测数据。

　　回顾了"嫦娥一号"到"嫦娥六号"的探月历程，中国探月工程的脚步从未停歇。令人期待的载人登月，中国已于2023年正式立项，相关任务已经启动，计划先期开展无人登月飞行，并在2030年前实现中国人登陆月球。

"嫦娥四号"　　　"嫦娥五号"　　　"嫦娥六号"

期盼中国载人登月

　　当走完"绕、落、回"这三步，我国无人月球探测技术趋于成熟。三步走先后完成之后，中国载人航天事业合乎逻辑的发展，就是开展载人登月。

　　中国未来的载人登月是在新的技术条件下进行的，包括

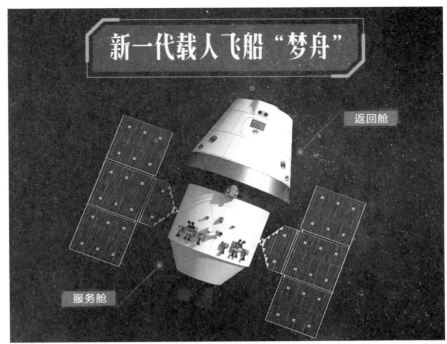

新一代飞船"梦舟"

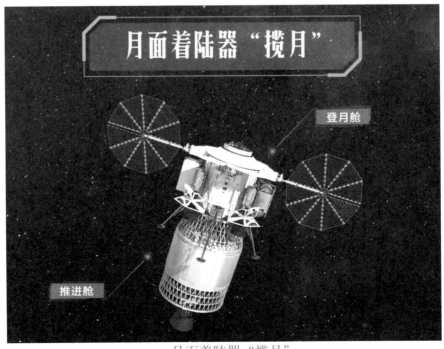

月面着陆器"揽月"

新的探测技术、试验技术、通信导航技术和新的飞船技术等等。在这些新技术的支撑下，我们将以新的视点全面而深入地认识和了解月球。通过月面科考，获得与月球形成、演变和当前状态密切相关的直接数据和关键样品，使我国对月球的科学研究迈入世界先进行列。

新一代载人火箭被命名为"长征十号"，新一代载人飞船名为"梦舟"，月面着陆器名为"揽月"。2024年5月3日，"嫦娥六号"发射任务取得圆满成功，开启世界首次月球背面采样返回之旅。